典藏版/17

数林外传 系列

跟大学名师学中学数学

圆

◎ 赵遂之 鲁有专 编著

U0190039

中国科学技术大学出版社

内 容 简 介

本书共分 7 章,第 1～5 章系统地讲述了圆的基础知识,并介绍了连续原理、对偶原理和膨胀原理;第 6～7 章讲述了圆的调和性及配极变换、反演变换等.

本书是开拓学生视野、训练学生思维、让学生终身受益的优秀课外读物,也适合中学数学教师参考.

图书在版编目(CIP)数据

圆/赵遂之,鲁有专编著. —合肥:中国科学技术大学出版社,
2020.8

(数林外传系列:跟大学名师学中学数学)

ISBN 978-7-312-04954-5

Ⅰ.圆 … Ⅱ.①赵…②鲁… Ⅲ.圆—青少年读物 Ⅳ.O123.3-49

中国版本图书馆 CIP 数据核字(2020)第 072823 号

出版	中国科学技术大学出版社
	安徽省合肥市金寨路 96 号,230026
	http://press.ustc.edu.cn
	https://zgkxjsdxcbs.tmall.com
印刷	安徽省瑞隆印务有限公司
发行	中国科学技术大学出版社
经销	全国新华书店
开本	880 mm×1230 mm 1/32
印张	9.25
字数	224 千
版次	2020 年 8 月第 1 版
印次	2020 年 8 月第 1 次印刷
定价	36.00 元

前　　言

　　《义务教育·数学课程标准》已降低对平面几何的要求,特别是圆,教材中删除了圆与圆的位置关系、圆幂定理等内容.因此,我国的中学生,就初等数学知识而言,以平面几何最为缺乏.义务教育阶段,降低对平面几何教学要求对大部分学生而言是必要的,但对广大数学爱好者来说是一个缺憾.平面几何方法严谨,可系统地训练我们的数学思想方法和创新思维能力;平面几何问题甚多,可引起我们对数学的学习兴趣、激发我们的求知欲望、培养我们的数学素养.

　　国家要强大离不开科技创新,而科技创新离不开数学.中国是数学大国,但还不是数学强国.2020年1月,教育部印发了《关于在部分高校开展基础学科招生改革试点工作的意见》(也称"强基计划"),目的是聚焦国家重大战略需求,逐步形成基础学科拔尖创新人才选拔培养的有效机制,特别把数学拔尖人才的培养提到了前所未有的高度.

　　现实的问题是,虽然我们的出版市场上中高考复习资料满天飞,每个教师的书架上也不缺少平面几何习题集和竞赛辅导专题讲座,但缺少的是对初等数学每个专题有广度、有深度的研究资料.本书的出版或许能起到一个引领作用.本书共分7章,第1~5章系统地讲述了圆的基础知识,并介绍了连续原理、对偶原理和膨胀原理,这在其他资料中是少见的.另外,第 6～7 章讲述了圆的调和性及配极变换、反演变换等,这是对圆的深入研究,为数学爱好者开拓眼界、进一步学习研究近现代几何学打下基础.

　　本书中的定理和例题大都给出了分析或提示,思维过程娓娓道来,深入浅出,富有灵活性、趣味性和启发性.

　　本书仅为抛砖引玉,希望数学专家们能多编写出此类辅导读物.

作　者

2020 年 4 月

目　　录

1 圆的一般性质

在初等平面几何中,除了研究直线形之外,还研究一种曲线,它就是圆.因为圆的性质比较简单,应用非常广泛,所以需要仔细研究.

1.1 圆的定义

两千四百年以前,我国的墨翟在他所著的《墨子》中说:"圜,一中同长也.""圜",就是"圆"的古体.这句话给圆下了精确的定义.用现代的数学术语来说,就是"(在平面内)与一个定点的距离等于定长的点的集合叫作圆".我国古代很早就对圆有了深刻的认识,这是我们引以为豪的.

连接圆心和圆周上任意一点所得的线段叫作半径,圆周上的一点叫作半径的端点.连接圆周上任意两点所得的线段叫作弦,从圆心到弦的距离叫作弦心距.过圆心的弦叫作直径.圆周上任意两点之间的部分叫作弧;直径将圆分为两部分,每一部分叫作半圆,小于半圆的弧叫作劣弧,大于半圆的弧叫作优弧.两条半径所夹的角叫作圆心角.圆心相同的圆叫作同心圆,半径相等的圆叫作等圆.

如果一个圆的圆心是 O,半径是 r,就记作 $\odot O(r)$,如不致发生误会,也可以简记为 $\odot O$.经过 A、B、C 三点的圆,记作 $\odot ABC$.

由定义可知:**同圆的半径相等,同圆的直径相等**.

1.2　圆是什么样的曲线

在这里,我们先简单地介绍一下圆的一些性质,在以后各节中,再作较深入的研究.

1. 圆是封闭曲线

所谓封闭曲线,就是说,如果一点沿着曲线前进,以后必将回到原处.除圆之外,椭圆、三角形、四边形都是封闭曲线;而抛物线、双曲线就不是封闭曲线.封闭曲线必定将整个平面上的点分为内外两部分.

2. 圆是凸曲线

所谓凸曲线,就是说,在曲线内部任取两点,连接这两点所得的线段必不与该曲线相交.椭圆、抛物线、三角形都是凸曲线;四边形未必是凸曲线;心形线$[\rho = a(1 + \cos \theta)$,图 1.1]不是凸曲线.

3. 圆是简单曲线

所谓简单曲线,就是说,曲线不与自身相交.椭圆、三角形、抛物线、双曲线等都是简单曲线;而双纽线($\rho^2 = a^2 \cos 2\theta$,图 1.2)和旋扭四边形(图 1.3)就不是简单曲线.

图 1.1　　　　　图 1.2　　　　　图 1.3

4. 圆是有常宽的曲线

所谓常宽,就是说,它的宽度是一个常数.学习直线与圆相切的定义以后,就可以知道:如果两条平行线和一个圆相切,那么这两条平行线之间的距离等于圆的直径,这是一个常数.因此,在搬运重物时,可以将重物放在一块平板上,而将平板放在几根同样粗细的圆柱上,这样就可以将重物很轻便地推着走(图1.4).

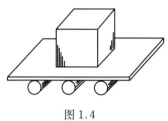

图 1.4

宽度等于常数的曲线不止一种.设 $\triangle ABC$ 是边长为 a 的正三角形,以各顶点为圆心、以 a 为半径在对边之外作弧,那么所得曲边三角形[图1.5(a)]也是一种有常宽的曲线(其中 $b=0$).如果以正五边形各顶点为圆心、以它的对角线为半径在对边之外作弧,那么所得曲边五角形[图1.5(b)]也是一种有常宽的曲线,宽度等于对角线之长.又如,将边长为 a 的正 $\triangle ABC$ 各边分别向两端延长,使延长部分等于 b,然后以各顶点为圆心、以 $a+b$ 为半径,作弧 $\overset{\frown}{DE}$、$\overset{\frown}{FG}$、$\overset{\frown}{HK}$;再以各顶点为圆心、以 b 为半径,作弧 $\overset{\frown}{GH}$、$\overset{\frown}{KD}$、$\overset{\frown}{EF}$[图1.5(c)],那么所得曲线形 $DEFGHK$ 也是一种有常宽的曲线,宽度为 $a+2b$.

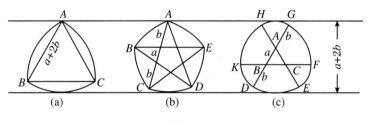

图 1.5

这里有一个定理:"如果两个有常宽的曲线的宽度相等,那么这两个曲线的周长也相等."这个定理的证明超出了本书的范围,建议读者选择几种特殊情形(例如图1.5中各例)加以验证.

(5) 圆是有常曲率的曲线

所谓曲率,说得浅显一些,就是弯曲的程度(严格的定义可参阅任何一本微积分学教材).以抛物线为例,在它的顶点邻近,弯曲得最厉害,也就是曲率最大.离顶点越远,抛物线就越"直",也就是曲率越来越小.但圆的曲率是处处相同的.必须指出,在一切平面曲线中,曲率等于常数的只有圆(如果不计及直线).

由于这个性质,圆可以绕着圆心旋转任意一个角度而和它原来的位置重合.或者说,圆有旋转对称的性质,并且旋转角有无穷多个(如果旋转角恰为180°,就是中心对称).同时,圆又可以绕着它的任何一条直径将所在平面翻转180°而和它原来的位置重合.或者说,圆有轴对称的性质,并且对称轴有无穷多.这两种性质不但在证明题目时有用,而且在生产实践中的作用也尤为巨大.很多轮子要做成圆形,以保证运转平稳;锅炉管道要做成圆形,以保证受热受压均匀;还有很多工件也要做成圆形,使加工简单,安装方便.

由此可知,除圆外,任何曲线都不能用圆规来画.用圆规画椭圆只是为制图方便而制定的一种规约,其实连近似都谈不上.

(6) 圆是极小曲线

所谓极小曲线,就是说,在具有相同面积的封闭曲线中,周长极小的曲线.面积一定的极小曲线是圆.这个定理的严格证明超出了本书的范围.

1.3　圆心角、弧、弦、弦心距之间的关系

根据圆的旋转对称性质,很容易证明下面一些性质:

1. 圆心角、弧、弦、弦心距之间的相等关系

定理 1.1　在同圆(或等圆)中,如果圆心角相等,那么所对的弧也相等;反之,如果弧相等,那么所对的圆心角也相等.

定理 1.2　在同圆(或等圆)中,如果弧相等,那么所对的弦也相等;反之,如果弦相等,那么所对的劣弧也相等(事实上,弦相等则所对的优弧也相等,不过劣弧应用较多,所以一般只提劣弧).

定理 1.3　在同圆(或等圆)中,如果弦相等,那么弦心距也相等;反之,如果弦心距相等,那么弦也相等.

为了节省篇幅,将这三个定理合并证明如下:

在图 1.6 中,设 O 是圆心,OA、OB、OC、OD 是半径,并且 $\angle AOB = \angle COD$. 将 $\odot O$ 绕 O 点旋转,使 OC 转到 OA 原来的位置上,那么因为 $\angle AOB = \angle COD$,所以 OD 必然转到 OB 原来的位置上,因此 $\overparen{CD}$ 就转到 $\overparen{AB}$ 原来的位置上. 立刻可以看出 $\overparen{AB} = \overparen{CD}$,弦

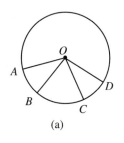

(a)

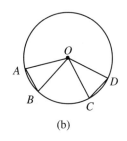

(b)

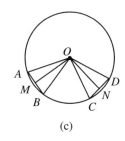

(c)

图 1.6

$AB =$ 弦 CD.并且,从圆心 O 到弦 AB 的垂线只有一条,所以弦心距 ON 必然转到弦心距 OM 的位置上,因而 $OM = ON$.

反之,如果 $OM = ON$,将⊙O 旋转,使 ON 转到 OM 原来的位置上.因为过 M 而垂直于 OM 的垂线只有一条,所以 CD 必然转到 AB 原来的位置上,因而劣弧 CD 必然转到劣弧 AB 原来的位置上,由此立刻推得 $\overset{\frown}{AB} = \overset{\frown}{CD}$,并且∠$AOB$ = ∠COD.

另一证法:在图 1.6(b) 和图 1.6(c) 中,△AOB 和△COD 是有两组边对应相等的两个三角形($OA = OC$,$OB = OD$).如果夹角相等,它们就全等;当然如果第三边相等,第三边上的高也相等.反之,在这两个有两组边对应相等的三角形中,如果第三边上的高 OM 和 ON 相等,也容易证明 Rt △OAM ≌ Rt △OCN,Rt △OBM ≌ Rt△ODN,所以 $AB = CD$,$\overset{\frown}{AB} = \overset{\frown}{CD}$ 和∠AOB = ∠COD 就不难证明了.

【例1】 在图 1.7 中,AB 和 CD 是两条互相平行且相等的弦,EF 垂直于这两条弦,并分别与 AB、CD 相交于 G、H,那么 $AG = CH$.

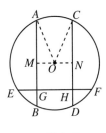

图 1.7

过 O 点作 MN ∥ EF,交 AG、CH 分别于 M、N.因 EF 垂直于 AB 及 CD,故 $OM \perp AB$,$ON \perp CD$,并且 $MG = NH$.连接 OA、OC,容易证明 △OAM≌△OCN,所以 $AM = CN$.进而可以证明 $AG = CH$.问题就解决了.

练 习

1. ⊙O 的两条相等的弦 AB 和 CD 相交于圆内一点 E,如图1.8 所示,那么 AE = CE,BE = DE.

2. 上题中的两条弦如果延长后相交于圆外,如图1.9所示,能 得到什么结论? 为什么?

3. 在同圆(或等圆)中,$\overset{\frown}{AB} = 2\overset{\frown}{CD}$,如图1.10所示,那么 AB <2CD.

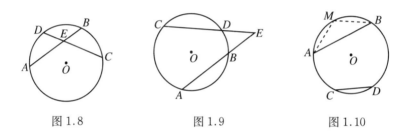

图1.8   图1.9   图1.10

2. 圆心角、弧、弦、弦心距之间的不等关系

定理1.4 在同圆(或等圆)中,如果圆心角不等,那么所对的弧 也不等,圆心角大则所对的弧也大;反之,如果弧不等,那么所对的圆 心角也不等,弧大则所对的圆心角也大.

定理1.5 在同圆(或等圆)中,如果弧不等,那么所对的弦也不 等,劣弧大则所对的弦也大;反之,如果弦不等,那么所对的弧也不等, 弦大则所对的劣弧也大(如果考虑优弧,那么优弧大则所对的弦反而 小;反之,弦大所对的优弧反而小).

定理1.6 在同圆(或等圆)中,如果弦不等,那么弦心距也不等, 弦大则弦心距小;反之,如果弦心距不等,那么弦也不等,弦心距大则 弦小.

在图 1.11 中，设 O 是圆心，OA、OB、OC、OD 是半径，并且 $\angle AOB > \angle COD$，将 $\odot O$ 绕 O 点旋转，使 OC 转到 OA 原来的位置上. 因为 $\angle AOB > \angle COD$，所以 OD 的位置 OE 必然在 AOB 原来的位置内部. 又 E 点在劣弧 AB 上，所以 $\overparen{AB} > \overparen{AE}$，即 $\overparen{AB} > \overparen{CD}$.

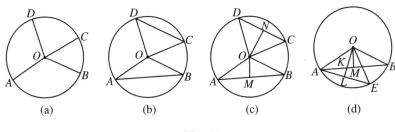

图 1.11

其次，在图 1.11(d) 中，设 CD 转到 AE 的位置，容易看出，$\angle OEB = \angle OBE$. 但 $\angle AEB > \angle OEB$，$\angle ABE < \angle OBE$，所以 $\angle AEB > \angle ABE$，因此 $AB > AE$，即 $AB > CD$.

最后，设 CD 的弦心距 ON 转到 OL 的位置上，因为 E 点在劣弧 AB 上，所以 AE 与 O 点在 AB 的两旁，因此 OL 必与 AB 交于某一点 K. 容易看出，$OL > OK$，但 OM 是 AB 的垂线，所以 $OK > OM$，因此 $OL > OM$，即 $ON > OM$.

反之，如果 $ON > OM$，那么 CD 不能大于 AB，也不能等于 AB，所以必然是 $AB > CD$. 其余部分同样可以用反证法证明.

另一证法：在图 1.11(c) 中，$\triangle AOB$ 和 $\triangle COD$ 是有两组边对应相等的两个三角形，如果夹角大，第三边也大. 再将 OM 和 ON 分别延长一倍到 F 和 E，连接 AF 和 CE（图 1.12）. 容易看出，$\triangle OAF$ 和 $\triangle OCE$ 也是有两组边对应相等的两个三角形（$OA = OC$，$AF =$

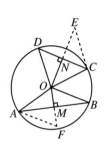

CE),而且$\angle OAF = 180° - \angle AOB$,$\angle OCE = 180°$ $- \angle COD$,故如果$\angle AOB > \angle COD$,则必然有 $\angle OAF < \angle OCE$.所以 $OF < OE$,而 $OF = 2OM$, $OE = 2ON$,因此 $OM < ON$.反之,如果已知 $OM < ON$,同样可以证明 $AB > CD$ 和 $\angle AOB > \angle COD$, 定理就完全证明了.

图 1.12

定理 1.1～1.6 可归纳如下:

设$\angle AOB$ 和$\angle COD$ 是$\odot O$ 的圆心角,$\overgroup{AB}$和 $\overgroup{CD}$是劣弧,AB 和 CD 是弦,OM 和 ON 分别是 AB 和 CD 的弦心距, 那么$\angle AOB \gtreqqless \angle COD \Leftrightarrow \overgroup{AB} \gtreqqless \overgroup{CD} \Leftrightarrow AB \gtreqqless CD \Leftrightarrow OM \lesseqqgtr ON$(⇒表示可以推得;⇔表示可以互相推得).

【例 2】 在已知圆内过一个已知点的一切弦中,以过此点的直径 为最大,以垂直于此直径的弦为最小.

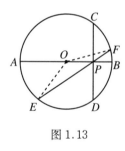

图 1.13

设 P 是$\odot O$ 内的一个已知点,AB 是过 P 点的直径,CD 是过 P 点而垂直于 AB 的弦, EF 是过 P 点而与 AB、CD 都不相同的任意弦 (图1.13).在过 P 点的一切弦中,AB 的弦心距等于零,所以 AB 是最大的(另一证法:连接 OE、OF,那么

$$AB = OA + OB = OE + OF > EF,$$

即 AB 大于 P 点的任意弦EF,所以 AB 是最大的).

其次,设 OM 是EF 的弦心距,因为 OP 不垂直于EF,所以 $OP > OM$,因此 $CD < EF$.这就证明了 CD 小于过 P 点的任意弦,所以 CD 是最小的.

练　习

1. AB 是 $\odot O$ 的直径，AC、AD 是弦，如图 1.14 所示，如果 $\angle CAB > \angle DAB$，那么 $AC < AD$.

2. P 是 $\odot O$ 的直径 AB 上的一点，CD、EF 是过 P 点的弦，如图 1.15 所示，如果 $\angle CPB > \angle EPB$，那么 $CD < EF$.

3. 工厂中常用外径卡尺测量圆形工件的直径，也常用内径卡尺测量工件圆孔的直径，如图 1.16 所示，试说明其原理.

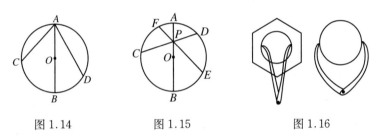

图 1.14　　　　　　图 1.15　　　　　　图 1.16

1.4　直径和弦之间的关系

定理 1.7　如果一条直线过圆心并且垂直于一条弦，那么这条直线一定平分这条弦，并且平分这条弦所对的弧（包括优弧和劣弧）. 逆命题也成立.

这个定理有两个前提和两个结论. 将前提中的一个和结论中的一个交换，就得到一个逆定理. 或将全部前提和全部结论交换，也得到一个逆定理. 所以这个定理共有五个逆定理. 因此这个定理可以采用下面的形式来叙述：

如果一条直线满足下面四个条件中的两个条件,那么也一定满足另外两个条件(图 1.17):

(1) 过圆心;

(2) 垂直于弦;

(3) 平分弦(直径除外);

(4) 平分弦所对的弧(包括优弧和劣弧).

证明时只要以这条直线为轴,将图形所在平面翻转 180°就可以获得所求的结果.请读者自行补足.

另一证法:在图 1.17 中,△AOB 是等腰三角形,容易看出,上面这个定理的实质和等腰三角形中四线合一(底边上的中线、中垂线、高和顶角的平分线)的定理是一样的.

从这个定理可知,圆心一定在弦的垂直平分线上,所以如果 A、B、C 三点不在一条直线上,那么 AB 的垂直平分线和 BC 的垂直平分线必然相交于

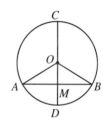

图 1.17

点 O,O 点到 A、B、C 三点的距离相等,而且 O 点是唯一的,因此,过 A、B、C 三点的圆也是唯一的.由此可得下列定理:

定理 1.8 不在一条直线上的三点确定一个圆.

【例 3】 ⊙O 与 ⊙O′相交于 P 和 Q,过 Q 作 $AB/\!/OO'$,交 ⊙O 于 A,交 ⊙O′于 B,那么 $AB=2OO'$(图 1.18).

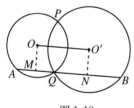

图 1.18

作 OM 和 O′N 都垂直于 AB,立刻可以看出,$AM = MQ = \frac{1}{2}AQ$,$BN = NQ = \frac{1}{2}BQ$,所以 $MN = \frac{1}{2}AB$.同时,MNO′O 又是矩形,因此问题就不难解决了.

练　习

1. 一条直线和两个同心圆顺次交于 A、B、C、D 四点,如图 1.19 所示,那么 $AB = CD$.

2. AB、CD 是圆内的两条平行弦,如图 1.20 所示,那么 AB 的垂直平分线一定平分 CD.

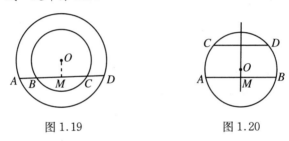

图 1.19　　　　　　　　　　　图 1.20

3. 工厂中要找一个圆形的圆心时,常用三点定心法.也就是在圆周上任意取三点 A、B、C,连接 AB、BC,作 AB 和 BC 的垂直平分线相交于一点 O,如图 1.21 所示,那么 O 点就是圆心.试说明其原理.

4. 找圆心的另一个方法是,在圆内任作一弦 AB,作 AB 的垂直平分线交圆周于 M 和 N,如图 1.22 所示,那么 MN 的中点就是圆心.试说明其原理.

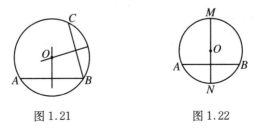

图 1.21　　　　　　　　　　　图 1.22

《习 题 1》

1. 如图 1.23 所示，AB 和 CD 是圆内两条相等的弦，如果它们在圆内不相交，那么 $AD = BC$.

2. 上题中的两条弦 AB 和 CD 如果相交，如图 1.24 所示，能得到什么结论？为什么？

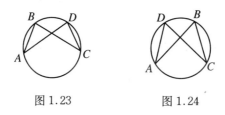

图 1.23   图 1.24

3. 将圆内的一条弦 AB 分为三等份，过等分点 C 和 D 分别作 AB 的垂线 CE 和 DF，交圆周于 E 和 F，如图 1.25 所示，问 $\overset{\frown}{AE}$、$\overset{\frown}{EF}$、$\overset{\frown}{FB}$ 是否相等？为什么？

4. AB 是 $\odot O$ 内的一条弦，AB 的三等分点分别为 C 和 D，连接 OC、OD，分别交圆于 E 和 F，如图 1.26 所示，问 $\overset{\frown}{AE}$、$\overset{\frown}{EF}$、$\overset{\frown}{FB}$ 是否相等？为什么？

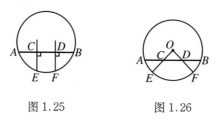

图 1.25   图 1.26

5. 设在直角 $\triangle ABC$ 和直角 $\triangle A'B'C'$ 中，$\angle C = \angle C' = 90°$，$AB$

$= A'B', \angle B > \angle B'$, 如图 1.27 所示, 那么 $AC > A'C', BC < B'C'$.

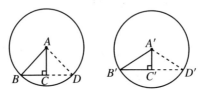

图 1.27

6. A、B 是 $\odot O$ 上的两点, M 和 N 分别是优弧 AB 和劣弧 AB 的中点, 那么 MN 通过圆心.

7. 在 $\odot O$ 的弦 AB 上取 $AC = BD$, 过 C 和 D 分别作 AB 的垂线 CE 和 DF, 交圆于 E 和 F, 并使 E、F 在 AB 的同旁, 如图 1.28 所示, 那么 $CE = DF$.

8. 在 $\odot O$ 的直径 MN 上任取一点 P, 过 P 作 PA 和 PB 交圆于 A 和 B, 并使 $\angle APN = \angle BPN$, 如图 1.29 所示, 那么 $PA = PB$.

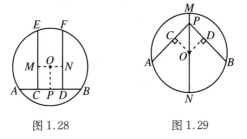

图 1.28　　　　　　图 1.29

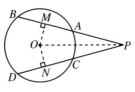

图 1.30

9. 从 $\odot O$ 外一点 P 作两条直线, 一条交圆于 A 和 B, 另一条交圆于 C 和 D, 并使 $\angle BPO = \angle DPO$, 如图 1.30 所示, 那么 $AB = CD$.

2 几种简单图形和圆的位置关系

2.1 点和圆的位置关系

设 $\odot O$ 的半径是 r，并设 P 是圆所在平面内的任意一点. 如果 $OP < r$，我们就说 P 点在圆内，如图 2.1(a) 所示；如果 $OP = r$，我们就说 P 点在圆周上，如图 2.1(b) 所示；如果 $OP > r$，我们就说 P 点在圆外，如图 2.1(c) 所示.

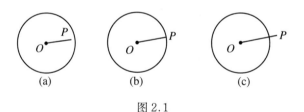

(a)　　　　　(b)　　　　　(c)

图 2.1

根据这个定义，立刻可以推得下列定理：

定理 2.1　如果 P 点在圆内，那么 $OP < r$；如果 P 点在圆周上，那么 $OP = r$；如果 P 点在圆外，那么 $OP > r$.

在点和圆的三种位置中，我们着重研究点在圆周上的问题.

【例 1】　若干条直线 OA、OB、OC、OD、$\cdots$ 交于一点 O，P 点关于 OA 的对称点是 P_1，关于 OB 的对称点是 P_2，关于 OC 的对称点是 P_3 $\cdots\cdots$ 那么 P、P_1、P_2、P_3、$\cdots$ 都在同一圆周上 (图 2.2).

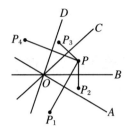

图 2.2

因为 P 和 P_1 关于 OA 对称,所以 OA 是线段 PP_1 的垂直平分线,因此 $OP = OP_1$. 同理可证 $OP = OP_2$,$OP = OP_3$,$\cdots$,所以 P、P_1、P_2、P_3、$\cdots$ 都在以 O 为圆心、以 OP 为半径的圆周上.

练　　习

1. 直角三角形的直角顶点在以斜边为直径的圆周上.

2. 矩形的四个顶点在同一圆周上.

3. 等腰梯形的四个顶点在同一圆周上.

4. 从菱形的对角线交点向各边引垂线,那么四个垂足在同一圆周上.

2.2　直线和圆的位置关系

如果一条直线 l 和圆 O 有两个公共点 A 和 B,我们就说直线 l 和圆相交,直线 l 叫作圆 O 的割线,公共点 A 和 B 叫作交点,如图 2.3(a)所示. 如果一条直线 l 和圆 O 只有一个公共点 A,我们就说直线 l 和圆 O 相切,直线 l 叫作圆 O 的切线,公共点 A 叫作切点,如图

2.3(b)所示. 如果一条直线 l 和圆 O 没有公共点,我们就说直线 l 和圆 O 相离,如图 2.3(c)所示.

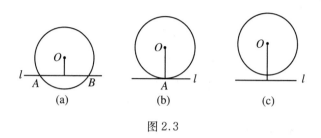

图 2.3

注意,上面所说的切线定义不适用于其他的曲线. 因为有些曲线虽然和直线只有一个公共点,但却是交点而不是切点,如图 2.4(a)中的抛物线和它的对称轴及对称轴的平行线 l 的公共点 P 就是交点而不是切点;有些曲线虽然和直线有两个公共点,但可能都是切点,如图 2.4(b)中的四次抛物线和直线 l 的公共点 Q、R 都是切点;或者,某些是切点而另一些是交点,如图 2.4(c)中的四次抛物线和直线 l 有公共点 S 和 T,其中 S 是交点,T 是切点. 这些情况在解析几何中比较常见.

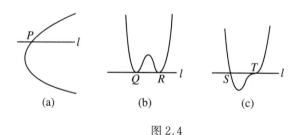

图 2.4

一般地说,直线和曲线相切,应当这样下定义:"设 T 和 T' 是曲线 C 上相邻的两点(图 2.5),当 T' 沿着曲线 C 向 T 无限接近而以 T 为极限时,如果直线 $T'T$ 的极限位置是直线 PT,那么 PT 就叫作曲

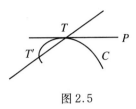

图 2.5

线 C 在 T 点的切线,T 就叫作切点."

根据直线和圆的位置关系的定义,很容易推得下列定理:

定理 2.2 设⊙O 的半径为 r,圆心 O 到直线 l 的距离为 d.如果 $d<r$,那么直线和圆相交;如果 $d=r$,那么直线和圆相切;如果 $d>r$,那么直线和圆相离.

从圆的切线的定义出发,立刻可以推得下列一系列定理:

1. 切线的判定

定理 2.3 如果一条直线通过圆的半径(或直径)的端点,并且垂直于这条半径(或直径),那么这条直线是圆的切线.

这个定理的本质和切线的定义是一样的,但应用时较为便利.

【例2】 在等腰梯形 $ABCD$ 中,AB∥CD,$AD=BC$,对角线 AC⊥BD,那么过对角线的交点 M 且平行于 AD 的直线 EF 必切于 ⊙MBC(图 2.6).

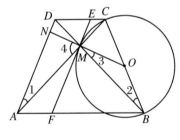

图 2.6

因为在直角三角形中,斜边上的中线等于斜边的一半,所以 ⊙MBC 的圆心就是 BC 的中点 O.容易看出,△ACD≌△BDC,所以 ∠1 = ∠2.连接 OM,延长后交 AD 于 N,那么 ∠2 = ∠3.而 AC⊥BD,所以 ∠3 + ∠4 = 90°,即 ∠1 + ∠4 = 90°,所以 ON⊥AD,又 EF∥

AD,因此 $ON \perp EF$,也就是 EF 切于 $\odot MBC$.

练　习

1. 在 $\triangle ABC$ 中,底边 BC 上的高等于 BC 的一半,M、N 分别是 AB、AC 的中点,如图 2.7 所示,那么以中位线 MN 为直径的圆必与 BC 相切.

2. 在 $\triangle ABC$ 中,$\angle BAC = 90°$,过 A 作直线 PQ,使 $\angle PAB = \angle C$,如图 2.8 所示,那么 PQ 必定是 $\odot ABC$ 的切线.

3. 在等腰直角 $\triangle AOB$ 的斜边 AB 上取 $BD = OB$. 又设 M 是 AB 的中点,以 O 为圆心、以 OM 为半径作圆交 OA 于 E,如图 2.9 所示,那么 AB 和 DE 都是 $\odot O$ 的切线.

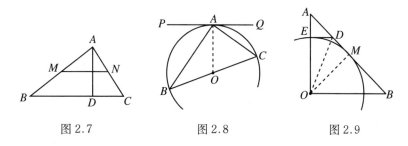

图 2.7　　　　　图 2.8　　　　　图 2.9

2. 切线的性质

定理 2.4　如果一条直线过圆心并且过切点,那么这条直线必定垂直于切线.逆命题也成立[参看图 2.3(b)].

这个定理有两个前提和一个结论.将其中一个前提和结论交换,就得到一个逆定理,所以共有两个逆定理.这个定理也可以采用下面的形式来叙述:

如果一条直线符合下面三个条件中的两个,也必定符合第三个条件:

（1）过圆心；

（2）过切点；

（3）垂直于切线．

这个定理不难由切线的定义推出．

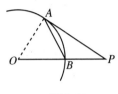

图 2.10

【例3】　PA 切 $\odot O$ 于 A，PO 交 $\odot O$ 于 B，并且 $AB = PB$，如图 2.10 所示．试计算 $\angle P$ 的度数．

连接 OA，那么 $OA \perp PA$．因为 $AB = PB$，所以 $\angle PAB = \angle P$．又 $\angle OAB = \angle OBA = 2\angle P$，所以 $\angle OAP = 3\angle P$，因此 $\angle P = 30°$．

练　习

1. OA、OB 是 $\odot O$ 内两条相互垂直的半径，弦 AQ 交 OB 于 P，切线 QC 交 OB 的延长线于 C，并且 $PQ = QC$，如图 2.11 所示．试计算 $\angle A$ 的度数．

2. AB 是 $\odot O$ 的直径，CD 切 $\odot O$ 于 C，$AE \perp CD$ 交 CD 于 E，BC 与 AE 延长后相交于 F，并且 $AF = BF$，如图 2.12 所示．试计算 $\angle A$ 的度数．

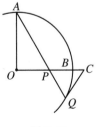

图 2.11

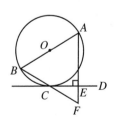

图 2.12

3. OA 和 OB 是 ⊙O 内互相垂直的两条半径,将 OB 延长一倍到 C,过 C 作 CD 切 ⊙O 于 D,AD 与 OC 延长后相交于 E,如图 2.13 所示.试计算 $\angle E$ 的度数.

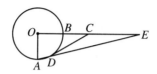

图 2.13

3. 切线长及切线夹角的性质

从圆外一点向圆作两条切线,那么从这点到切点的距离叫作从这点到这圆的切线的长.

关于切线长和两条切线间的夹角有下列定理:

定理 2.5　从圆外一点向圆作两条切线,则:

(1) 这两条切线的长相等;

(2) 这点和圆心的连线平分两切线间的夹角.

这个定理很容易用圆的轴对称性质或全等三角形来证明.

【例4】　过一条弦的两个端点作两条切线,那么弦的中点到这两条切线的距离相等.

设 M 是弦 AB 的中点,AC 和 BD 是圆的切线,$MC \perp AC$,$MD \perp BD$(图 2.14),延长 AC 和 BD 相交于 P,那么 $\triangle PAB$ 是等腰三角形,M 是底边 AB 的中点,且必定在顶角的平分线上,所以 M 到角的两边距离相等.

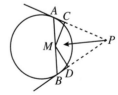

图 2.14

练 习

1. 圆内两弦 $AB /\!/ CD$（图 2.15），过 A 和 B 作圆的切线,分别交 CD 的延长线于 E 和 F,那么 $AE = BF$.

2. $\triangle ABC$ 的三边 BC、CA、AB 分别切圆 O 于 L、M、N,如图 2.16 所示,并且 L 是 BC 的中点,那么$\triangle ABC$ 是等腰三角形.

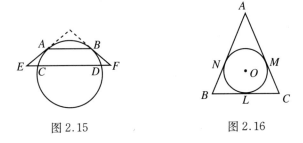

图 2.15　　　　　　　　图 2.16

3. AC、BD 是圆的切线,A、B 是切点,如图 2.17 所示,那么从 A 点到 BD 的距离等于从 B 点到 AC 的距离.

4. 工厂中常用一种叫作中心规的工具来找圆形工件的圆心.中心规的构造如图 2.18 所示,两臂张开成直角,中间一臂的一条边是这个角的平分线,将两臂卡在圆形工件上,沿中间一臂通往直角顶点的一条边画一条直线.用同样的方法再画另一条直线.这两条直线的交点就是圆心.试说明其原理.

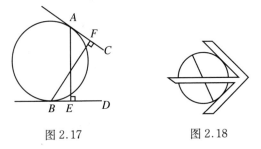

图 2.17　　　　　　　　图 2.18

2.3 连 续 原 理

1. 直线形中的连续原理

在几何学中,常有这样的情况,就是:如果一个定理成立,那么当这个定理中所说的一些点无限趋近于另一些点而以另一些点为极限(或定理中的一些直线无限趋近于另一些直线而以另一些直线为极限)时,这个定理仍然成立.这叫作"连续原理".这个名词的含义,就是把图形的性质看作图形的连续函数.这在直线形中也是常见的,举例说明如下:

(1) 在梯形 $ABCD$ 中,$AD // BC$,M、L、N 分别是 AB、CD、AC 的中点,如图 2.19 所示,那么中位线

$$ML = \frac{1}{2}(AD + BC).$$

当 D 点沿着 AD 趋近于 A 点而以 A 点为极限时,$AD \to 0$,梯形 $ABCD$ 趋近于 $\triangle ABC$ 而以 $\triangle ABC$ 为极限.这时 L 点趋近于 N 点而以 N 点为极限.将上式中的 ML 和 AD 都换成它们的极限,就得到

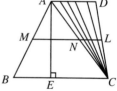

图 2.19

$$MN = \frac{1}{2}(0 + BC),$$

也就是

$$MN = \frac{1}{2}BC.$$

这正是三角形中位线的计算公式.

(2) 在图 2.19 中,作 $AE \perp BC$,那么

梯形 $ABCD$ 的面积 $= \dfrac{1}{2}(AD + BC) \cdot AE$.

当 D 点趋近于 A 点时，$AD \to 0$，梯形 $ABCD$ 的面积趋近于 $\triangle ABC$ 的面积. 于是上式变为

$$\triangle ABC \text{ 的面积} = \dfrac{1}{2}(0 + BC) \cdot AE,$$

也就是

$$\triangle ABC \text{ 的面积} = \dfrac{1}{2}BC \cdot AE.$$

这正是三角形面积的计算公式.

(3) 设 □$ABCD$ 的对角线为 AC、BD. 大家知道有这样一个公式：

$$AB^2 + BC^2 + CD^2 + DA^2 = AC^2 + BD^2.$$

如果将这个平行四边形的边 AD 和 BC 分别绕着 A 点和 B 点旋转，使边 CD 趋近于直线 AB 的位置，C、D 两点分别趋近于 E、F 两点的位置(图 2.20)，上式就变为

$$AB^2 + BE^2 + EF^2 + AF^2 = AE^2 + BF^2,$$

这个等式仍然正确. 设 $AD = BC = x$，$AB = CD = y$，则 $AF = BE = x$，$AE = x + y$，$BF = y - x$. 上式左边就化为 $y^2 + x^2 + y^2 + x^2 = 2x^2 + 2y^2$，右边就化为 $(y + x)^2 + (y - x)^2 = 2y^2 + 2x^2$. 所以这个等式仍能成立.

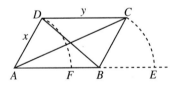

图 2.20

(4) 设 A、B、C 是一条直线上顺次三点，P 是直线外任意点，则

$$PA^2 \cdot BC + PC^2 \cdot AB = PB^2 \cdot AC + AB \cdot BC \cdot AC.$$

这是著名的斯图尔特（Stewart）定理（图 2.21）. 如果 P 点趋近于直线 AC 上的某一点 Q（图中将 Q 画在 B 和 C 之间，其实 Q 不一定在 B 和 C 之间），上式就变为

$$QA^2 \cdot BC + QC^2 \cdot AB$$
$$= QB^2 \cdot AC + AB \cdot BC \cdot AC.$$

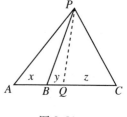

图 2.21

这个等式仍然正确. 设 $AB = x$，$QB = y$，$QC = z$，则上式左边可化为

$$(x + y)^2(y + z) + z^2 x$$
$$= (x + y)(x + y)(y + z) + z^2 x$$
$$= (x + y)(xy + y^2 + xz + yz) + z^2 x$$
$$= (x + y)(xy + y^2 + xz) + z(xy + y^2 + xz)$$
$$= (x + y + z)(xy + y^2 + xz),$$

右边可化为

$$y^2(x + y + z) + x(y + z)(x + y + z)$$
$$= (x + y + z)(xy + y^2 + xz).$$

所以这个等式仍然成立.

（5）在 $\triangle ABC$ 中，$AB > AC$，$\angle BAC$ 的外角平分线交底边 BC 于 D，如图 2.22 所示，则 $\angle ADB = \dfrac{\angle ACB - \angle ABC}{2}$.

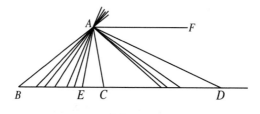

图 2.22

在 BC 上取一点 E,使 $AE = AC$,并使 B 点趋近于 E 点,那么 D 点就要趋于无穷远处,而 AD 趋于平行于 BC 的直线 AF.这正好证明了等腰三角形中顶角的外角平分线平行于底边,因为两条平行线间的夹角被认为是零.

以上各例具体地说明了连续原理在有关直线形中的作用,今后我们还将看到,连续原理在有关圆的问题中也能发挥作用,现在先举一个简单的例子如下:

2. 平行弦夹等弧定理

在有关圆的问题中,容易看出,一条弦所在的直线是圆的割线,

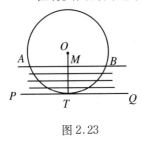

图2.23

而切线是割线的极限情况.因此,有许多关于割线(包括弦)的定理,当割线(包括弦)转化为切线时,仍然正确.例如,从定理1.7得知:过圆心和弦的中点的直线垂直于弦.从图2.23可以看出,当⊙O 的割线 AB 平行于它的初始位置而远离圆心时,它的极限位置是切线 PQ.而这条割线和圆的两个交点(也就是弦 AB 的两个端点)A 和 B 以及弦 AB 的中点 M 的极限位置都是切点 T.在这条割线作平行移动的过程中,OM 始终垂直于这条割线,所以 OT 也要垂直于 PQ.这就是切线的性质定理:“过圆心和切点的直线必垂直于圆的切线.”

下面先介绍平行弦夹等弧定理,然后再运用连续原理来论证它的极限情况.

定理 2.6　如果一个圆的两条弦互相平行,那么夹在这两条平行弦之间的两段弧相等.

设 AB、CD 是⊙O 内的两条弦,$AB /\!/ CD$,如图2.24所示.容易看出,过 O 点且垂直于 AB 和 CD 的直线 MN 是这个图形的对称轴,因此不难证明 $\overparen{AC} = \overparen{BD}$.也可以利用定理1.7,证明 $\overparen{AM} = \overparen{MB}$,$\overparen{CM}$

$= \overset{\frown}{MD}$,然后相减而得到所要求的结果.

现在假设 AB 不动,而 CD 平行于它的初始位置逐渐远离圆心,那么它的极限位置是切线 EF(图 2.25),设切点是 N,则由连续原理可知,仍有 $\overset{\frown}{AN} = \overset{\frown}{BN}$.这就是说:

定理 2.7 如果圆的一条弦平行于一条切线,那么切点平分弦所对的弧.

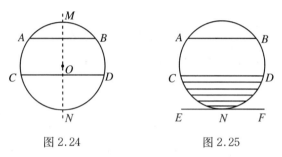

图 2.24　　　　　　　　图 2.25

再假设 AB 也平行于它的初始位置而远离圆心,那么它的极限位置是切线 GH(图2.26),设切点为 M,则由连续原理可知,仍有 $\overset{\frown}{MAN} = \overset{\frown}{MBN}$.这就是说:

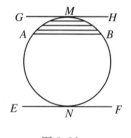

定理 2.8 如果一个圆的两条切线平行,那么两个切点平分圆周.

读者可用其他方法来证明这两个定理是正确的.

图 2.26

【例 5】 AB、CD 是 $\odot O$ 内两条相等的弦,延长后相交于圆外一点 P,$OM \perp AB$,$ON \perp CD$(图 2.27).

(1) 求证 $PM = PN$;

(2) 求证 PO 平分 $\angle APC$,并利用连续原理论证这个问题的极限情况.

因为 $AB = CD$,所以弦心距 $OM = ON$,容易看出,$\triangle POM \cong \triangle PON$,所以 $PM = PN$,$\angle OPM = \angle OPN$.

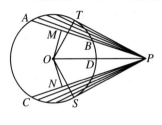

当割线 PA、PC 分别绕 P 点旋转而远离圆心时,割线 PA 趋于切线 PT,割线 PC 趋于切线 PS,M 点趋于切点 T,N 点趋于切点 S,$\angle APC$ 趋于 $\angle TPS$. 在旋转过程中,$PM = PN$,$\angle OPM = \angle OPN$ 的关系保持不变,于是由连续原理可知,$PT = PS$,$\angle OPT = \angle OPS$. 这就是说,我们用连续原理证明了从圆外一点所作圆的两条切线相等,并且这点和圆心的连线平分两切线间的夹角.

图 2.27

练　习

1. 证明:在图 2.24 中,如果圆内的两段弧 $\overset{\frown}{AC} = \overset{\frown}{BD}$,那么 $AB /\!/ CD$,并且用连续原理论证这个问题的极限情况(参考图 2.25 和图 2.26).

2. AB、CD 是 $\odot O$ 内两条相等的弦,过 B 和 D 作割线 EF,如图 2.28 所示,证明:$\angle EBA = \angle FDC$;并利用连续原理证明:当割线 EF 平行于它的初始位置移动而趋于切线 PQ 时,如果 PQ 和圆的切点是 T,那么 $\angle PTA = \angle QTC$.

3. 工厂中常用游标卡尺(图 2.29)测量圆形工件的直径,试说明其原理.

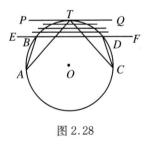

图 2.28

图 2.29

2.4　圆和圆的位置关系

如果两个圆没有公共点,并且其中任何一个圆在另一个圆的外面,我们就说两圆外离;如果两个圆只有一个公共点,并且其中任何一个圆在另一个圆的外面,我们就说两圆外切;如果两个圆有两个公共点,我们就说两圆相交;如果两个圆只有一个公共点,并且其中的一个圆在另一个圆的里面,我们就说两圆内切;如果两个圆没有公共点,并且其中的一个圆在另一个圆的里面,我们就说两圆内含.特例:如果两个圆的圆心重合就是同心圆.在日全食的过程中,月亮的圆面和太阳的圆面就显示出这五种位置关系,特别地,当出现日环食时,月亮的圆面和太阳的圆面就成为同心圆.

1. 两圆位置关系的判定定理

定理 2.9　设两圆的圆心分别为 O 和 O',它们的半径分别为 r 和 r'(图 2.30).

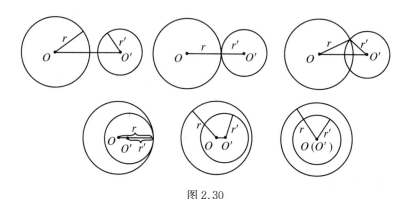

图 2.30

(1) 如果 $OO' > r + r'$，那么两圆外离；

(2) 如果 $OO' = r + r'$，那么两圆外切；

(3) 如果 $r + r' > OO' > |r - r'|$，那么两圆相交；

(4) 如果 $OO' = |r - r'|$，那么两圆内切；

(5) 如果 $OO' < |r - r'|$，那么两圆内含（$OO' = 0$，两圆同心）.

这个定理不难由两圆位置关系的定义推出.

【例6】 线段 AB 的中点为 M，分别以 AM、BM 为对角线作 $\square ACMD$ 和 $\square BEMF$，又以 MC、ME 为邻边作 $\square MCLE$，以 MD、MF 为邻边作 $\square MDNF$，那么以 ML、MN 为直径的两圆互相外切，并且都内切于以 LN 为直径的圆（图 2.31）.

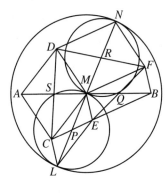

图 2.31

首先，因为 $MCLE$ 和 $MDNF$ 都是平行四边形，所以以 ML 和 MN 为直径的圆的圆心必定是 ML 和 MN 的中点 P 和 R，而且 P 和 R 同时又分别是 CE 和 DF 的中点. 设 CD 和 EF 分别交 AB 于 S 和 Q，在四边形 $CEFD$ 中，一组对边中点的连线 SQ 和另一组对边中点的连线 PR 必然互相平分，所以 PR 通过 SQ 的中点 M. 这就是说，P、M、R 三点在一条直线上，因此 $PM + MR = PR$. 这就证明了 $\odot P$ 和 $\odot R$ 互相外切.

其次，因为 M 是 PR 的中点，$MP = MR$，所以 $ML = MN$，因此以 LN 为直径的圆的圆心必定是 M. 又 L、P、M、R、N 五点在一条直线上，所以 $MP = ML - PL$，$MR = MN - RN$. 这就证明了 $\odot P$ 和 $\odot R$ 都和 $\odot M$ 内切.

练 习

1. BE、CF 是 △ABC 的两条中线,将 BE 和 CF 分别延长一倍到 G 和 H,如图 2.32 所示,那么以 AG 和 AH 为直径的圆互相外切,并且都内切于以 GH 为直径的圆.

2. 在梯形 $ABCD$ 中,$AB \parallel CD$,AD、AC、BD、BC 的中点分别为 E、G、H、F,如图 2.33 所示,那么以 EG、FH 为直径的圆都和以 GH 为直径的圆外切,并且都和以 EF 为直径的圆内切.

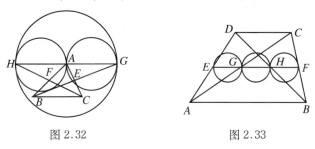

图 2.32　　　　　　图 2.33

3. 在 △ABC 中,$\angle ABC = 2\angle C$,AD 是 BC 边上的高.

(1) 若垂足 D 在 B、C 之间,延长 AB 到 E,使 $BE = BD$,如图 2.34(a)所示,那么以 DE 为直径的圆和以 AC 为直径的圆外切;

(2) 若垂足 D 在 CB 的延长线上,在 AB 上取 $BE = BD$,如图 2.34(b)所示,那么以 DE 为直径的圆和以 AC 为直径的圆内切.

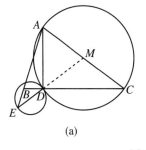　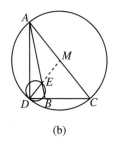

(a)　　　　　　　　　(b)

图 2.34

2．两圆位置关系的性质定理

定理 2.10　设两圆的圆心分别为 O 和 O'，它们的半径分别为 r 和 r'．

(1) 如果两圆外离，那么 $OO' > r + r'$；

(2) 如果两圆外切，那么 $OO' = r + r'$；

(3) 如果两圆相交，那么 $r + r' > OO' > |r - r'|$；

(4) 如果两圆内切，那么 $OO' = |r - r'|$；

(5) 如果两圆内含，那么 $OO' < |r - r'|$（两圆同心，$OO' = 0$）．

【例 7】　在扇形铁片 OAB 中，$\angle AOB = 90°$，$OA = OB = a$，以 OA 为直径剪去一个半圆，现要在剩下的边角料中再剪去一个面积最大的圆，求这个圆的半径（图 2.35）．

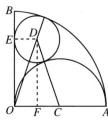

图 2.35

设半圆的圆心为 C，半径为 $\dfrac{a}{2}$；所求圆的圆心为 D，半径为 x．作 $DE \perp OB$，$DF \perp OA$．因为 $\odot D$ 和半圆 C 外切，所以 $CD = \dfrac{a}{2} + x$；又 $\odot D$ 和 $\overparen{AB}$ 内切，所以 $OD = a - x$；在直角 $\triangle ODF$ 和直角 $\triangle CDF$ 中，$OF = x$，$CF = \dfrac{a}{2} - x$．因为 $OD^2 - OF^2 = CD^2 - CF^2$，所以

$$(a - x)^2 - x^2 = \left(\frac{a}{2} + x\right)^2 - \left(\frac{a}{2} - x\right)^2,$$

化简，得

$$4ax = a^2,$$

$$x = \frac{a}{4}.$$

练　习

1. 沿铁片的一边剪去两个相等的圆形铁片 $\odot O_1$ 和 $\odot O_2$,它们的半径为 R,且互相外切,并且与边线分别相切于 A 和 B,如图 2.36 所示.现要在剩余的边角料里再剪一个最大的半圆 O_3,求 O_3 的半径 r.

2. 线段 AB 的长为 a,分别以 A、B 为圆心,以 a 为半径画弧,它们相交于 C,如图 2.37 所示,求这个图形的内切圆半径 r.

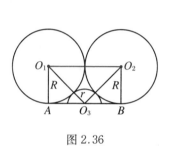

图 2.36

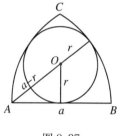

图 2.37

3. 连心线的性质定理

定理 2.11　两圆相交时,连心线垂直平分公共弦.

设 $\odot O$ 和 $\odot O'$ 相交于 A 和 B,OO' 是连心线(图 2.38).连接 OA、OB、$O'A$、$O'B$,容易看出,$OA = OB$,$O'A = O'B$.再连接公共弦 AB,则 O 和 O' 都在 AB 的垂直平分线上,这就是说,OO' 是 AB 的垂直平分线.

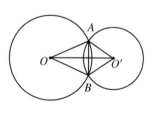

图 2.38

另一证法:因为连心线 OO' 是两圆公共的对称轴,A 和 B 是对称点,所以 OO' 是 AB 的垂直平分线.

【例8】　P 是正方形 ABCD 内任意一点,分别以 A、B、C、D 为圆心,以 AP、BP、CP、DP 为半径作四个圆,它们相交于 E、F、G、H,那么 EG⊥FH,EG = FH(图 2.39).

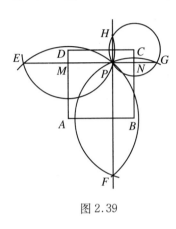

图 2.39

因为 EP 是 ⊙A 和 ⊙D 的公共弦,PG 是 ⊙B 和 ⊙C 的公共弦,所以它们分别垂直于 AD 和 BC,并且被 AD 和 BC 所平分.又 ABCD 是正方形,AD 和 BC 都垂直于 AB,所以 EP 和 PG 都平行于 AB.同时,线段 EG 在正方形内的一段(图 2.39 中的 MN)等于正方形的一边,所以 EG = 2AB.同理可证 FH∥BC,FH = 2BC,这样问题就不难解决了.

练　习

1. 过 P 点作三条互不相等的线段 PA、PB、PC,使∠APB =∠BPC =∠CPA,过 P、B、C 三点作⊙D,过 P、C、A 三点作⊙E,过 P、A、B 三点作⊙F,如图 2.40 所示,那么△DEF 是等边三角形.

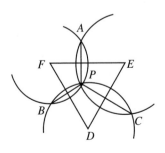

图 2.40

2. 四边形 $ABCD$ 的对角线 AC、BD 相交于 E，$\odot AEB$、$\odot BEC$、$\odot CED$、$\odot DEA$ 的圆心分别是 O_1、O_2、O_3、O_4，如图 2.41 所示，那么 $O_1O_2O_3O_4$ 是平行四边形.

3. 在 $\triangle ABC$ 中，M、N 分别是 AB 和 AC 的中点，以 M、N 为圆心任作两圆相交于 P、Q，如图 2.42 所示，那么 $PQ \perp BC$.

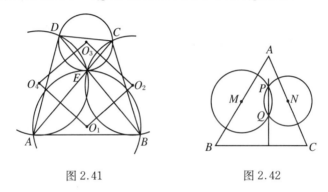

图 2.41　　　　　　　　　　图 2.42

定理 2.12　两圆相切，切点必定在连心线上.

设 $\odot O$ 和 $\odot O'$ 的半径分别为 r 和 r'，它们的切点为 T，如果 T 不在连心线上，那么连心线 OO' 和两圆分别相交于 A 和 B. 当两圆外切时，如图 2.43(a)所示，在 $\triangle TOO'$ 中，应当有 $OT + O'T > OO'$. 但 $OT = r, O'T = r', OO' = OA + AB + O'B = r + AB + r'$，将这三式代入前一式，就得到 $r + r' > r + AB + r'$，这是矛盾的. 当两圆内切时，如图 2.43(b)所示，在 $\triangle TOO'$ 中，应当有 $|OT - O'T| < OO'$. 但 $OT = r, O'T = r', OO' = |OA - O'B| - AB = |r - r'| - AB$，将这三式代入前一式，就得到 $|r - r'| < |r - r'| - AB$，这也是矛盾的. 这就证明了切点 T 不在连心线上是不合理的，问题也就完全解决了.

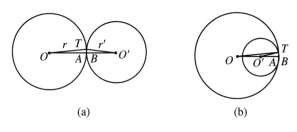

图 2.43

另一证法:因为连心线是两圆的对称轴,所以如果切点不在连心线上,那么这两个圆的公共点就不止一个,这和相切的定义是矛盾的.

【**例 9**】　⊙O 和 ⊙O' 相切于 T,过 T 作割线交 ⊙O 于 A,交 ⊙O' 于 B,TC、TD 分别是 ⊙O 和 ⊙O' 的直径,如图 2.44 所示,那么 $AC /\!/ BD$.

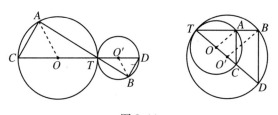

图 2.44

因为两圆相切,切点必在连心线上,所以 C、T、D 三点在一条直线上,因此 $\angle ATC = \angle BTD$. 连接 OA、$O'B$,因为 $OA = \dfrac{1}{2} TC$,$O'B = \dfrac{1}{2} TD$,所以 △ATC 和 △BTD 都是直角三角形,$\angle C = 90° - \angle ATC$,$\angle D = 90° - \angle BTD$,问题也就不难解决了.

注意,两圆相切的问题虽有内切和外切之分,但证法往往极为相似.

练 习

1. 两圆⊙O、⊙O'相切于T,过T作割线AB,交⊙O于A,交⊙O'于B,如图 2.45 所示,那么$OA /\!/ O'B$.

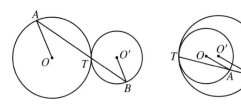

图 2.45

2. 两圆相切于T,过T作割线AB,交一圆于A,交另一圆于B,AC和BD分别是两圆的切线,如图 2.46 所示,那么$AC /\!/ BD$.

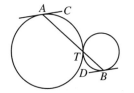

图 2.46

4. 公切线

如果一条直线和两个圆都相切,那么这条直线叫作这两个圆的公切线.如果两个圆在公切线的同旁,那么这条公切线叫作外公切线;如果两个圆在公切线的两旁,那么这条公切线叫作内公切线.一条公切线上两个切点间的距离叫作公切线的长.

两圆的公切线的条数,请读者自行研究.

定理 2.13 如果两圆有两条外公切线,那么这两条外公切线的长相等；如果两圆有两条内公切线，那么这两条内公切线的长相等.

设两圆的外公切线 AB 和 $A'B'$ 分别切两圆于 A、B 和 A'、B'，相交于 S（图 2.47），那么 $SA = SA'$，$SB = SB'$，两式相减，就得到 $AB = A'B'$.

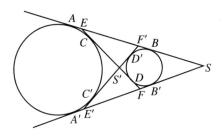

图 2.47

如果 $AB /\!\!/ A'B'$，这种情形请读者自行研究.

再设两圆的内公切线 CD 和 $C'D'$ 分别切两圆于 C、D 和 C'、D'，相交于 S'（图 2.47），那么 $S'C = S'C'$，$S'D = S'D'$，两式相加，就得到 $CD = C'D'$.

【例 10】　如果两圆有两条外公切线和两条内公切线，那么内公切线上夹在外公切线之间的线段等于外公切线的长，外公切线上夹在内公切线之间的线段等于内公切线的长.

仍用图 2.47 来证明.设两条内公切线和两条外公切线的交点分别为 E、F、E'、F'，容易看出，$EF = EC + FC = EA + FA'$.又 $EF = ED + FD = EB + FB'$，两式相加，就得到 $2EF = EA + EB + FA' + FB' = AB + A'B'$.但 $AB = A'B'$，所以 $EF = AB = A'B'$.

其次容易看出，$EF' = EB - F'B = ED - F'D'$.又 $EF' = F'A - EA = F'C' - EC$，两式相加，就得到 $2EF' = ED - EC + F'C' - F'D' = CD + C'D'$.但 $CD = C'D'$，所以 $EF' = CD = C'D'$.

练　习

1. ⊙O 和 ⊙O' 外切于 T，一条外公切线切两圆于 A 和 B，AC 和 BD 是两圆的直径，如图 2.48 所示.那么：

(1) $\angle ATB = 90°$；

(2) A、T、D 三点在一条直线上.

2. 两圆半径不等并外切于 T，两条外公切线分别切两圆于 A、B 和 A'、B'，内公切线与两条外公切线相交于 M 和 M'，连接 AA' 和 BB'，如图 2.49 所示，那么：

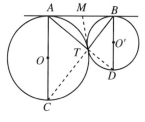

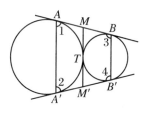

图 2.48

图 2.49

(1) $\angle 1 = \angle 2$，$\angle 3 = \angle 4$；

(2) $AA'B'B$ 是等腰梯形；

(3) MM' 是这个梯形的中位线.

3. 在图 2.47 中，证明 EA、EC、$E'A'$、$E'C'$、FB'、FD、$F'B$、$F'D'$ 八条线段都相等.

4. 以等腰三角形的两腰为直径作两圆，如图 2.50 所示，那么这两圆的公切线平行于底边，并且它的长等于底边的一半.

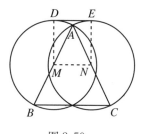

图 2.50

2.5　无穷远元素

1. 无穷远元素的引入

在几何学中,常常会遇到三条直线交于一点或三点在一条直线上的问题,但这些问题往往会有例外. 前者的三条直线有时互相平行;后者的三点有时其中一点消失,或者相交于这一点的两条直线彼此平行,同时也和另两点的连线平行. 举例说明如下(这几个例题怎样证明,这里暂不研究).

(1) 如果△ABC 和△$A'B'C'$ 成顺位似形,那么对应顶点的连线 AA'、BB'、CC' 或者交于一点 P,或者彼此平行(图 2.51).

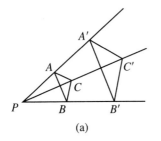
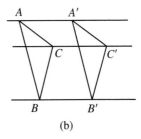

(a)　　　　　　　　　　(b)

图 2.51

(2) 在△ABC 中,如果 X、X',Y、Y',Z、Z' 分别是三边 BC、CA、AB 上的等截点(等截点就是在同一条边上到两顶点距离相等的两点,例如 $BX = CX'$……),并且 AX、BY、CZ 三线交于一点 P,那么 AX'、BY'、CZ' 三线或者交于一点,或者彼此平行(图 2.52).

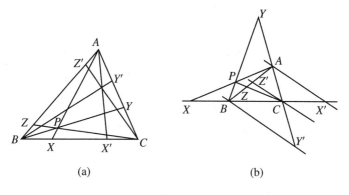

图 2.52

（3）如果六边形 *ABCDEF*（不一定是凸六边形）的各边都和一个圆锥曲线（图 2.53 中画的是圆）相切，那么连接相对顶点的三条直线 *AD*、*BE*、*CF* 或者交于一点 *P*，或者彼此平行. 这叫作布利安桑（Brianchon）定理.

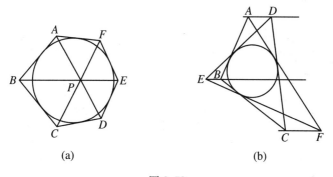

图 2.53

（4）在四边形 *ABCD* 中，如果有一组对边 *AB*∥*CD*，并设 *AB*、*CD* 的中点分别为 *M*、*N*，*AD* 和 *BC* 相交于 *P*，那么 *M*、*N*、*P* 三点在一条直线上［图 2.54(a)］. 但如果 *AB*＝*CD*，那么本例的结论就变为

$MN /\!/ AD /\!/ BC$[图 2.54(b)].

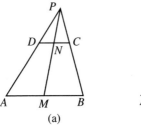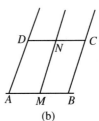

图 2.54

（5）设有任意两条直线 l_1 和 l_2，在 l_1 上取三点 A、C、E，在 l_2 上取三点 B、D、F（次序不论）.设 AB 与 DE 相交于 X，BC 与 EF 相交于 Y，CD 与 FA 相交于 Z，那么 X、Y、Z 三点在一条直线上[图 2.55 (a)].但如果 $AB /\!/ DE$，$BC \not\!/ EF$，$CD \not\!/ FA$，那么 $YZ /\!/ AB /\!/ DE$[图 2.55 (b)].又如果 $AB /\!/ DE$，$BC /\!/ EF$，那么 $CD /\!/ FA$[图 2.55(c)].这叫作帕普斯（Pappus）定理.

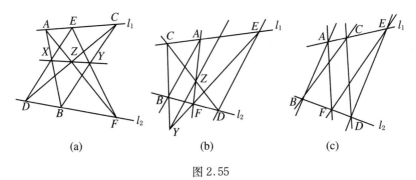

图 2.55

（6）六边形 $ABCDEF$（不一定是凸六边形）的顶点在一个圆锥曲线上（图 2.56 中画的是圆）.设 AB 与 DE 相交于 X，BC 与 EF 相交于 Y，CD 与 FA 相交于 Z，那么 X、Y、Z 三点在一条直线上[图

2.56(a)].但如果 *AB*∥*DE*,*BC*∦*EF*,*CD*∦*FA*,那么 *YZ*∥*AB*∥ *DE*[图 2.56(b)].又如果 *AB*∥*DE*,*BC*∥*EF*,那么 *CD*∥*FA*[图 2.56(c)].这叫作帕斯卡(Pascal)定理.

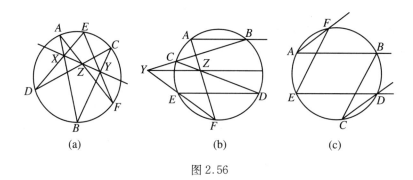

图 2.56

　　从以上各例可见,有些例外不但叙述费事,而且给人一种不完整的感觉.为了消除这些例外,使这些命题趋于完整,就有引入**无穷远元素**的必要.所谓无穷远元素,就是无穷远点和**无穷远直线**.

　　先看第一个例子,在图 2.51(a)中,如果将△*ABC* 逐渐放大,那么 *P* 点逐渐远离.当△*ABC*≌△*A′B′C′* 时,*P* 点成为无穷远点.也就是说,在图 2.51(b)中,三条平行线 *AA′*、*BB′*、*CC′* 被认为相交于无穷远点.这样就可以保证两个顺位似形的对应顶点的连线一定相交于一点,不但叙述简单,而且这个命题也就完整无缺了.

　　在第二个例子中,引入了无穷远点,也可以说 *AX′*、*BY′*、*CZ′* 三条直线一定相交于一点;在第三个例子中,引入了无穷远点,也可以说 *AD*、*BE*、*CF* 三条直线一定相交于一点.不过这些交点可能是普通的点[图 2.52(a)及图 2.53(a)],也可能是无穷远点[图 2.52(b)及图 2.53(b)].

　　在第四个例子中,如果使 *CD* 的位置保持不变,而长度逐渐增加,那么 *P* 点也就逐渐远离.当 *CD* = *AB* 时,*P* 点也成为无穷远点.

也就是说,在图 2.54(b)中,三条平行线 MN、AD、BC 相交于这个无穷远点,所以 M、N、P 仍旧在一条直线上.

在第五个和第六个例子中,如果 $AB /\!\!/ DE$,$BC /\!\!/\!\!/ EF$,$CD /\!\!/\!\!/ FA$ [图 2.55(b)及图 2.56(b)],那么 X 点成为无穷远点,而三条平行线 YZ、AB、DE 相交于这个无穷远点,所以 X、Y、Z 仍旧在一条直线上.如果 $AB /\!\!/ DE$,$BC /\!\!/ EF$,那么 $CD /\!\!/ FA$,因此 X、Y、Z 都成为无穷远点[图 2.55(c)及图 2.56(c)],这时就有引入无穷远直线的必要.所谓无穷远直线,就是平面内在无穷远处的一条直线,它是平面内一切无穷远点的集合.引入无穷远直线之后,第五个和第六个例子中的 X、Y、Z 就一定在一条直线上,这两个命题也就完整无缺了.

关于无穷远元素的一些简单性质如下:

(1) **每一条直线上有一个无穷远点而且只有一个无穷远点.**

(2) **如果若干条直线平行,那么它们相交于同一个无穷远点.**

(3) **平面内一切无穷远点的集合是无穷远直线.** 何以知道它是直线而不是曲线呢? 因为每一条直线和它只相交于一点,所以无穷远点的集合不可能是二次曲线或二次以上的曲线.

(4) **每一个平面内有一条无穷远直线而且只有一条无穷远直线.**

(5) **因为垂直于同一条直线的一切垂线相交于同一个无穷远点,所以这条直线可看作圆心在无穷远处的圆.**

引入无穷远元素后,许多命题,例如"平面内两直线必定相交于一点""任意三点决定一个圆"……就都没有例外了.

有关圆的问题,引入无穷远元素后,有许多定理的叙述可以简化.下面先举一个简单的例子,以后还将遇到更多的例子.

2. 公切线的交点定理

定理 2.14　两个圆如果有两条外公切线,那么它们的交点在连心线上;两个圆如果有两条内公切线,那么它们的交点也在连心线上.

设⊙O_1 和⊙O_2 的半径不等,它们的外公切线 A_1B_1 和 A_2B_2 相交于 S_1(图 2.57). 连接 S_1O_1 和 S_1O_2,那么 S_1O_1 是∠$A_1S_1A_2$ 的平分线,S_1O_2 是∠$B_1S_1B_2$ 的平分线. 而∠$A_1S_1A_2$ 和∠$B_1S_1B_2$ 是同一个角,所以 S_1O_1 和 S_1O_2 必然重合. 问题就解决了.

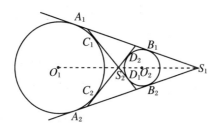

图 2.57

如果⊙O_1 和⊙O_2 的半径相等,即 $O_1A_1 = O_2B_1$(图 2.58),那么容易看出 $A_1B_1 /\!/ O_1O_2$. 同理,$A_2B_2 /\!/ O_1O_2$,所以 A_1B_1、A_2B_2、O_1O_2 三条直线交于同一个无穷远点,也就是 A_1B_1 和 A_2B_2 的交点在 O_1O_2 上.

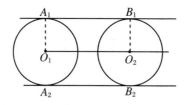

图 2.58

其次,设⊙O_1 和⊙O_2 的内公切线 C_1D_1 和 C_2D_2 相交于 S_2,连接 S_2O_1、S_2O_2(图 2.57),那么 S_2O_1 是∠$C_1S_2C_2$ 的平分线,S_2O_2 是∠$D_1S_2D_2$ 的平分线. 而∠$C_1S_2C_2$ 和∠$D_1S_2D_2$ 是对顶角,所以它们的平分线互为反向延长线. 问题就全部解决了.

这个定理也可以说成:"两个圆的两条外(内)公切线和两圆的连

心线三线交于一点."

【**例 11**】 AB 是⊙O 的一条弦,过 A 和 B 分别作⊙O 的两条切线,那么这两条切线和 AB 的垂直平分线三线交于一点(也可以说,这两条切线的交点 P、AB 的中点 M 和圆心 O 三点在一条直线上).

如果 AB 不是直径,设过 A 点和过 B 点的切线相交于 P,那么 $\triangle PAB$ 是等腰三角形,AB 的垂直平分线当然要通过 P 点[图 2.59(a)].

如果 AB 是直径,那么过 A 点和过 B 点的切线都垂直于 AB,必然平行于 AB 的垂直平分线,这时三线交于无穷远点[图 2.59(b)].

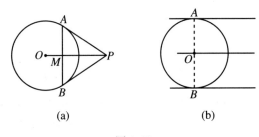

(a)　　　　　　　　　(b)

图 2.59

练　习

1. AB、CD 是⊙O 内的两条平行弦,过 A 点和过 B 点的切线相交于 P,过 C 点和过 D 点的切线相交于 Q,如图 2.60 所示,证明 O、P、Q 三点在一条直线上,并讨论 CD 为直径的情况.

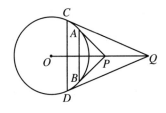

图 2.60

2. 两个圆同心,圆心为 O,一条直线顺次交这两个圆于 A、B、C、D 四点,过 A 点的切线和过 D 点的切线相交于 Q,过 B 点的切线和过 C 点的切线相交于 P,如图 2.61 所示,证明 O、P、Q 三点在一条直线上,并讨论直线 AD 通过 O 点的情况.

3. 两个圆同心,圆心为 O,以圆外任意一点 M 为圆心、以 MO 为半径作圆,分别交两个圆于 A 和 B,证明过 A 点的切线和过 B 点的切线与 OM 三线交于一点,并讨论 M 点成为无穷远点的情况.

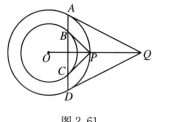 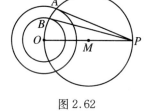

图 2.61 图 2.62

《《习 题 2》》

1. $ABCD$ 是正方形,P 是对角线 AC 上任意一点,过 P 作 EF 和 GH 分别平行于 AB 和 BC,交各边于 E、F、G、H,如图 2.63 所示,那么 E、F、G、H 四点在同一圆周上.

2. 四边形 $ABCD$ 的对角线 $AC \perp BD$,如图 2.64 所示,那么它各边的中点 E、F、G、H 四点在同一圆周上.

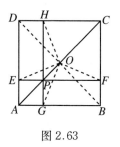 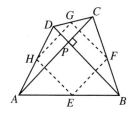

图 2.63 图 2.64

3. BE 和 CF 是△ABC 的两条高,在 BE 和 CF(或其延长线)上分别取 $BM = AC$ 和 $CN = AB$,连接 AM、AN,如图 2.65 所示,那么以 AN 为直径的圆必与 AM 相切.

4. P 是等腰直角△ABC 的斜边 BC 上任意一点,M 是 BC 的中点,$PD \perp AC$,$PE \perp AB$,如图 2.66 所示,那么以 D 为圆心、以 DM 为半径的圆必切于 EM.

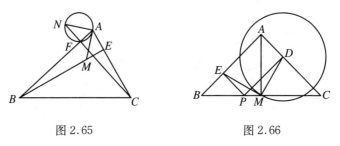

图 2.65　　　　　　　　　　　　图 2.66

5. $ABCD$ 是正方形,P 是对角线 BD 上任意一点,$PE \perp BC$,$PF \perp CD$.连接 AP,延长后交 EF 于 G,如图 2.67 所示,那么以 AG 为直径的圆必切于 EF.

6. 直线 PQ 切⊙O 于 T,AB 是⊙O 的任意一条直径,$AC \perp PQ$,如图 2.68 所示,那么 AT 平分∠BAC.

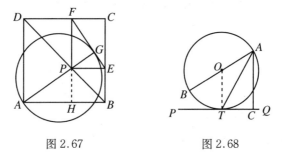

图 2.67　　　　　　　　　　　　图 2.68

7. 以直角△ABC 的一条直角边 AB 为直径作圆,交斜边 BC 于 P,过 P 作圆的切线,如图 2.69 所示,那么该切线必定平分另一条直角边 AC.

8. AB、AC 是⊙O 的切线,将 OB 延长一倍到 D,如图 2.70 所示,如果∠DAC = 78°,求∠D 的度数.

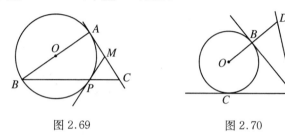

图 2.69

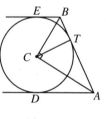

图 2.70

9. 以直角△ABC 的直角顶点 C 为圆心作一圆切斜边 AB 于 T,过 A 和 B 分别再作⊙C 的切线 AD 和 BE,如图 2.71 所示,那么 AD∥BE.

10. 在梯形 ABCD 中,AB∥CD,以对角线(或两腰)为直径作两个圆,相交于 M 和 N,MN 分别交 AB、CD 于 F、E,如图 2.72 所示,那么 MN 垂直于 AB 和 CD,并且 ME = NF.

图 2.71

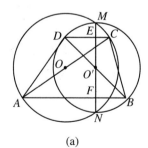

(a)

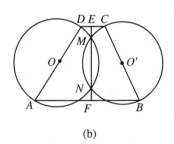

(b)

图 2.72

11. 在上题中,如果 C 点趋于 D 点,试用连续原理研究 M 点趋于哪一点. 由此证明"以三角形的两条边为直径作圆,这两圆的另一交点必定在第三边上".

12. 在 $\triangle ABC$ 中,$\angle ABC$ 的平分线和 $\angle ACB$ 的平分线相交于 I,过 I 作 BC 的平行线分别交 AB 和 AC 于 D 和 E,如图 2.73 所示,那么 $\odot D(DB)$ 和 $\odot E(EC)$ 互相外切.

13. 一组邻边相等、另外一组邻边也相等的四边形叫作筝形. 在筝形 $ABCD$ 中,$AB = AD$,$BC = DC$,并且 $\angle BAD = 90°$,如图 2.74 所示,那么以 BD 为直径的圆内切于以 AC 为直径的圆.

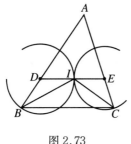
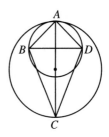

图 2.73　　　　　　　　图 2.74

14. 从半径为 R 的圆形铁片内剪制四个相等的小圆形铁片,如图 2.75 所示,小圆形铁片的最大半径是多少?

15. 在上题中,剪去四个小圆形铁片后,再在五块剩余边角料中各剪一个小圆形铁片,求这些小圆形铁片的最大半径. 并问,在这个图中,将各种不同的半径依大小顺序排列起来,会得到一个什么数列?

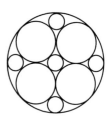

图 2.75

16. 在图 2.57 中,连接 $C_1 D_2$ 和 $C_2 D_1$,设它

们的交点为 Q，证明 Q 在连心线上，并讨论 Q 成为无穷远点的情况.

17. 半圆的直径为 AB，圆心为 O，以 OA、OB 为直径在半圆内再作两个半圆，又在三个半圆之间作一个内切圆 O'，如图 2.76 所示，若 $OA = R$，求圆 O' 的半径.

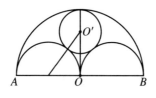

图 2.76

3   和圆有关的角

和圆有关的角共五种：

（1）顶点在圆心的角，叫作**圆心角**；

（2）顶点在圆内的角，叫作**圆内角**；

（3）顶点在圆外，并且两边都和圆有公共点的角，叫作**圆外角**；

（4）顶点在圆周上，并且两边都和圆相交的角，叫作**圆周角**；

（5）顶点在圆周上，并且一条边是圆的弦，另一条边是圆的切线的角，叫作**弦切角**.

3.1   圆   心   角

前面已经讲过，在同圆（或等圆）中，圆心角相等则所对的弧也相等，逆命题也成立．另外，在同圆（或等圆）中，圆心角大则所对的弧也大，逆命题也成立．这说明圆心角的大小和所对的弧有密切的关系，现在进一步阐明它们之间的数量关系.

如果将一个圆心角分成若干等份，那么它所对的弧也必然被分成同样数目的等份；反之，如果将一条弧分成若干等份，那么它所对的圆心角也必然被分成同样数目的等份．习惯上，将一个圆周分成360等份，每一等份叫作1度的弧；将各分点和圆心连接起来，必然将

以圆心为顶点的这个周角也分成 360 等份,每一等份叫作 1 度的角,
1 度的弧所对的圆心角是 1 度的角,逆命题也成立.如果一条弧的度
数是小数、分数或无理数,那么它所对的圆心角的度数也必然是同一
小数、分数或无理数,逆命题也成立.这样,我们将得到下面的定理:

定理 3.1　圆心角的度数等于它所对弧的度数.

这是角和弧的度量的基本关系,其他角和弧的度量关系都由此
导出.

3.2　圆　内　角

定理 3.2　圆内角的度数等于它和它的对顶角所夹两弧度数之
和的一半.

设 $\angle APB$ 是圆内角,AP、BP 延长后分别交圆周于 C 和 D,那么
$\angle CPD$ 是它的对顶角.先设 $\angle APB$ 有一条边,例如 BD,通过圆心
O,如图 3.1(a)所示.连接 OA、OC,那么在 $\triangle OPA$ 中,$\angle APO =$
$\angle AOB - \angle A$,即

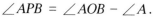

$$\angle APB = \angle AOB - \angle A.$$

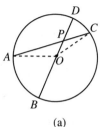

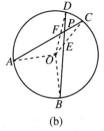

(a)　　　　　　　　(b)

图 3.1

在 $\triangle OPC$ 中,$\angle APO = \angle COP + \angle C$,即

$$\angle APB = \angle COD + \angle C.$$

将这两式相加,并注意 $\angle A = \angle C$,就得到

$$2\angle APB = \angle AOB + \angle COD,$$

所以 $\angle APB$ 的度数就等于 $\dfrac{1}{2}(\overset{\frown}{AB} + \overset{\frown}{CD})$ 的度数.

　　其次,设圆心 O 在 $\angle APB$ 的内部,如图 3.1(b)所示.连接 OA、OB、OC、OD,设 OC 与 BD 交于 E,OD 与 AC 交于 F.那么作为 $\triangle CEP$ 的外角,有

$$\angle APB = \angle C + \angle CEP = \angle C + \angle OEB$$
$$= \angle C + 180° - \angle BOC - \angle B.$$

作为 $\triangle DFP$ 的外角,有

$$\angle APB = \angle D + \angle DFP = \angle D + \angle OFA$$
$$= \angle D + 180° - \angle AOD - \angle A.$$

将这两式相加,并注意 $\angle A = \angle C$,$\angle B = \angle D$,就得到

$$2\angle APB = 360° - \angle BOC - \angle AOD$$
$$= \angle AOB + \angle COD.$$

所以 $\angle APB$ 的度数仍等于 $\dfrac{1}{2}(\overset{\frown}{AB} + \overset{\frown}{CD})$ 的度数.

　　最后,设圆心 O 不在这个圆内角的内部,只要观察图 3.1(b)中的 $\angle APD$.$\angle APD$ 是 $\angle APB$ 的邻补角,$\angle APB$ 的度数既然等于 $\dfrac{1}{2}(\overset{\frown}{AB} + \overset{\frown}{CD})$ 的度数,$\angle APD$ 的度数当然也等于 $\dfrac{1}{2}(\overset{\frown}{AD} + \overset{\frown}{BC})$ 的度数.问题就全部解决了.

　　这个证法的特点是没有用到圆周角的性质,因此以后可以用本定理来证明圆周角的度量定理.

【例1】 A、B、C、D 是圆周上顺次四点，M、P、N、Q 分别是 $\overset{\frown}{AB}$、$\overset{\frown}{BC}$、$\overset{\frown}{CD}$、$\overset{\frown}{DA}$ 的中点，那么 $MN \perp PQ$(图 3.2).

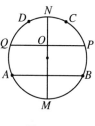

设 MN 和 PQ 的交点是 O，那么 $\angle MOP$ 是圆内角，它的度数等于 $\overset{\frown}{MB} + \overset{\frown}{BP} + \overset{\frown}{ND} + \overset{\frown}{DQ}$ 的度数的一半，也就是 $\dfrac{1}{2}\overset{\frown}{AB} + \dfrac{1}{2}\overset{\frown}{BC} + \dfrac{1}{2}\overset{\frown}{CD} + \dfrac{1}{2}\overset{\frown}{DA}$ 的度数的一半. 但 $\overset{\frown}{AB} + \overset{\frown}{BC} + \overset{\frown}{CD} + \overset{\frown}{DA}$ 等于全圆周，也就是 $360°$，这就不难推得 $\angle MOP = 90°$.

图 3.2

练　习

1. 设 $\angle APB$ 是圆内角，过圆心 O 作两条直径 $EF /\!/ AC$，$GH /\!/ BD$，如图 3.3 所示. 证明 $\overset{\frown}{AB} + \overset{\frown}{CD} = \overset{\frown}{EG} + \overset{\frown}{FH}$，由此证明 $\angle APB$ 的度数等于 $\overset{\frown}{AB} + \overset{\frown}{CD}$ 的度数的一半.

2. AB 和 CD 是圆内的两条弦，M、N 分别是 $\overset{\frown}{AB}$ 和 $\overset{\frown}{CD}$ 的中点，如图 3.4 所示，那么 AB、CD 和 MN 成等角.

3. AB 和 AC 是圆内的两条弦，M、N 分别是 $\overset{\frown}{AB}$ 和 $\overset{\frown}{AC}$ 的中点，MN 与 AB、AC 分别相交于 D、E，如图 3.5 所示，那么 $AD = AE$. 本题与上题有何关系？

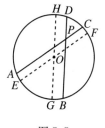

图 3.3

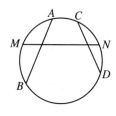

图 3.4

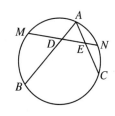

图 3.5

3.3　圆　外　角

定理 3.3　圆外角的度数等于所夹两弧度数之差的一半.

首先,设∠APB 是圆外角,PA 和圆再相交于 C,PB 和圆再相交于 D,先设∠APB 的一条边,例如 PB,通过圆心 O,如图 3.6(a)所示,连接 OA、OC,那么在△OPC 中,

$$\angle APB = \angle ACO - \angle COD.$$

在△OAP 中,∠APB = ∠AOB - ∠A. 两式相加,并注意∠A = ∠ACO,得到 2∠APB = ∠AOB - ∠COD,问题就不难解决了.

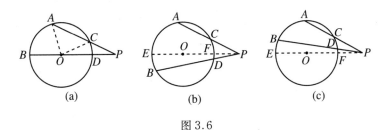

图 3.6

其次,设圆心 O 在∠APB 的内部,连接 PO,交圆周于 E、F,如图 3.6(b)所示,那么∠APE 和∠BPE 都是有一条边通过圆心的圆外角,符合第一种情况. 所以∠APE 的度数等于 $\overset{\frown}{AE} - \overset{\frown}{CF}$ 的一半,∠BPE 的度数等于 $\overset{\frown}{BE} - \overset{\frown}{DF}$ 的一半. 两者相加,就得到所要的结果.

最后,设圆心 O 在∠APB 的外部,连接 PO,交圆周于 E、F,如图 3.6(c)所示,那么∠APE 和∠BPE 也都是有一条边通过圆心的圆外角,也符合上述的第一种情况. 所以∠APE 的度数等于 $\overset{\frown}{AE} - \overset{\frown}{CF}$ 的一半,∠BPE 的度数等于 $\overset{\frown}{BE} - \overset{\frown}{DF}$ 的一半. 两者相减,也就得到所要

的结果.

如果 $\angle APB$ 的一条边 PB 逐渐远离圆心而转化为切线 $P'B'$,则由连续原理可知,本定理仍然成立.也就是说,在图 3.7(a)中,$\angle AP'B'$ 的度数等于 $\overset{\frown}{ABB'} - \overset{\frown}{CDB'}$ 的一半.如果 $\angle AP'B'$ 的另一条边 $P'A$ 也远离圆心而转化为切线 $P''A'$,则由连续原理可知,本定理仍然成立.也就是说,在图 3.7(b)中,$\angle A'P''B'$ 的度数等于 $\overset{\frown}{A'AB'} - \overset{\frown}{A'CB'}$ 的一半.这样,问题就全部解决了.

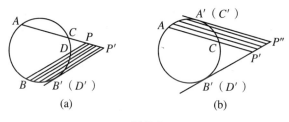

(a)　　　　　　　(b)

图 3.7

【例 2】 AB、CD 是圆内的两条平行弦,M 是任一条弧 EF 的中点,如图 3.8 所示,AM 与 DF 相交于 P,BM 与 CE 相交于 Q,那么 $\angle P = \angle Q$.

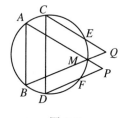

图 3.8

$\angle P$ 和 $\angle Q$ 都是圆外角,因为 $AB /\!/ CD$,所以 $\overset{\frown}{AC} = \overset{\frown}{BD}$.又 M 是 $\overset{\frown}{EF}$ 的中点,所以 $\overset{\frown}{ME} = \overset{\frown}{MF}$.因此 $\overset{\frown}{AB} + \overset{\frown}{BD} - \overset{\frown}{MF} = \overset{\frown}{AB} + \overset{\frown}{AC} - \overset{\frown}{ME}$,由此易得 $\angle P = \angle Q$.

练　习

1. 设 $\angle APB$ 是圆外角,过圆心 O 作两条直径 $EF \parallel AC$, $GH \parallel BD$,如图 3.9 所示,证明 $\overset{\frown}{AB} - \overset{\frown}{CD} = \overset{\frown}{EG} + \overset{\frown}{FH}$,由此证明 $\angle APB$ 的度数等于 $\overset{\frown}{AB} - \overset{\frown}{CD}$ 的一半.

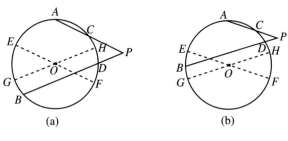

(a)　　　　　　　　　　(b)

图 3.9

2. A、B、C、D 是圆周上顺次四点,M、N 分别是 $\overset{\frown}{AD}$、$\overset{\frown}{BC}$ 的中点,如图 3.10 所示,那么 MN 与 AB、CD 成等角.

3. AB、AC 是圆内的两条弦,M 是优弧 $\overset{\frown}{AB}$ 的中点,N 是劣弧 $\overset{\frown}{AC}$ 的中点,MN 分别与 AC 和 BA 的延长线相交于 D 和 E,如图 3.11 所示,那么 $AD = AE$.

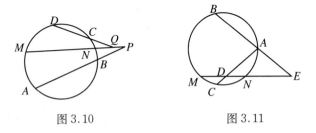

图 3.10　　　　　　　　图 3.11

4. $\angle APB$ 是圆外角,PA、PB 分别交圆于 C、D,如图 3.12 所示.当 P 点沿着 BD 逐渐离开圆而趋于无穷远但 A 点保持不动时,

PA 趋于 PB 的平行线, $\angle APB$ 趋于零. 由此证明"平行弦夹等弧"的定理, 并讨论下列情况:

（1）PB 切于圆;

（2）PB 切于圆且 $AB \perp PB$.

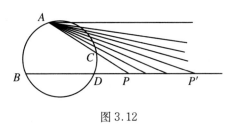

图 3.12

3.4　圆　周　角

定理 3.4　圆周角的度数等于所对弧的度数的一半.

证法 1　设 $\angle AP'B$ 是圆内角, AP' 交圆于 C, BP' 交圆于 D, 那么 $\angle AP'B$ 的度数等于 $\overset{\frown}{AB} + \overset{\frown}{CD}$ 的度数的一半. 从图 3.13(a)可见, 当 P' 趋于 $\overset{\frown}{CD}$ 上的一点 P 时, $\overset{\frown}{CD}$ 趋于零, 而圆内角 $\angle AP'B$ 趋于圆周角 $\angle APB$, 由连续原理立刻可以推知, $\angle APB$ 的度数等于 $\overset{\frown}{AB}$ 的度数的一半.

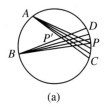
(a)

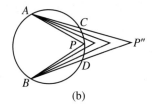
(b)

图 3.13

证法 2 设 $\angle AP''B$ 是圆外角,AP'' 交圆于 C,BP'' 交圆于 D,那么 $\angle AP''B$ 的度数等于 $\overset{\frown}{AB} - \overset{\frown}{CD}$ 的度数的一半. 从图 3.13(b) 可见,当 P'' 趋于 $\overset{\frown}{CD}$ 上的一点 P 时,$\overset{\frown}{CD}$ 趋于零,而圆外角 $\angle AP''B$ 趋于圆周角 $\angle APB$,由连续原理立刻可以推知,$\angle APB$ 的度数还是等于 $\overset{\frown}{AB}$ 的度数的一半.

根据这个定理,立即可以推出下列定理:

定理 3.5 在同圆(或等圆)中,同弧(或等弧)所对的圆周角相等;反之,在同圆(或等圆)中,圆周角相等则所对的弧也相等(这里所说的弧包括优弧和劣弧).

【例 3】 两圆相交于 P 和 Q,割线 AB 和 CD 都通过 P 点,交一圆于 A 和 C,交另一圆于 B 和 D,如图 3.14 所示,那么 $\angle AQB = \angle CQD$.

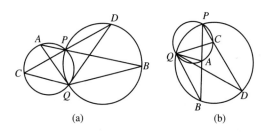

(a)　　　　　　(b)

图 3.14

证法 1 在 $\triangle AQB$ 和 $\triangle CQD$ 中,容易看出,$\angle PAQ = \angle PCQ$,$\angle PBQ = \angle PDQ$,所以它们的另一对角 $\angle AQB$ 和 $\angle CQD$ 必然相等.

证法 2 因为 $\angle AQC = \angle APC$,$\angle BQD = \angle BPD$,而 $\angle APC = \angle BPD$,所以 $\angle AQC = \angle BQD$,从而 $\angle AQB = \angle CQD$.

练　习

1. 两圆相交于 P 和 Q，割线 AB 通过 P，割线 CD 通过 Q，交一圆于 A 和 C，交另一圆于 B 和 D，如图 3.15 所示，那么 $\angle AQB = \angle CPD$．

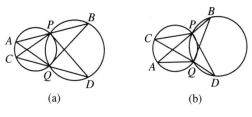

(a)　　　　　　　　(b)

图 3.15

2. 两圆相交于 P 和 Q，AA'、BB'、CC' 都通过 P 点，交一圆于 A、B、C，交另一圆于 A'、B'、C'，如图 3.16 所示，那么 $\angle BAC = \angle B'A'C'$，$\angle ACB = \angle A'C'B'$．

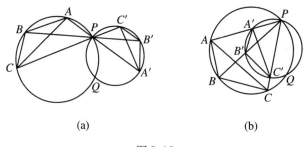

(a)　　　　　　　　(b)

图 3.16

根据以上定理，可以推得以下定理：

定理 3.6　半圆所对的圆周角是直角（或者说，立于直径上的圆周角是直角）；反之，如果圆内的一个圆周角是直角，那么它所对的弦是直径．

【例4】　⊙O 和 ⊙O' 相交于 P 和 Q，PA 和 PB 分别是这两圆的直径，如图3.17所示，那么 A、Q、B 三点在一条直线上.

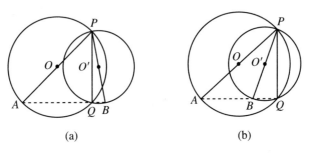

(a)　　　　　　　　　　　(b)

图 3.17

连接 PQ，容易看出，$\angle PQA$ 和 $\angle PQB$ 都是直角，所以 A、Q、B 三点共线.

练　习

1. 以等腰△ABC 的腰 AB 为直径作圆，此圆必定平分它的底边 BC（图3.18）.

2. 两圆相交于 P、Q，过 P 和 Q 作割线 AB 和 CD 都垂直于 PQ，如图3.19所示，那么 $ABDC$ 是矩形.

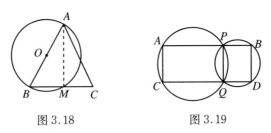

图 3.18　　　　　　　　　图 3.19

3. 在工厂中，常用角尺来找圆心，如图3.20所示，先将角尺的直角顶点放在圆周的某一点 C 上，这时角尺的两边分别与圆周交于 A

和 B. 再将角尺的直角顶点放在圆周的另一点 C' 上,这时角尺的两条直角边分别与圆周交于 A' 和 B'. 连接 AB 和 $A'B'$,它们的交点就是圆心,试说明其理由.

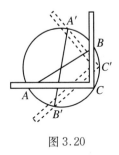

图 3.20

3.5 弦 切 角

定理 3.7 弦切角的度数等于所夹弧度数的一半.

证法 1 设 $\angle AP'P$ 是圆周角,那么 $\angle AP'P$ 的度数等于 $\overset{\frown}{AP}$ 的度数的一半. 从图 3.21(a)可见,当 P' 沿着 $\overset{\frown}{P'P}$ 趋近于 P 时,割线 $P'P$ 趋于切线 PB,而圆周角 $\angle AP'P$ 趋于弦切角 $\angle APB$,由连续原理立即可以推知, $\angle APB$ 的度数等于 $\overset{\frown}{AP}$ 的度数的一半.

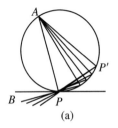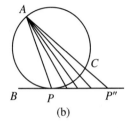

(a)   (b)

图 3.21

证法 2　设∠$AP''B$ 是圆外角,$P''B$ 切圆于 P,$P''A$ 交圆于 C,那么∠$AP''B$ 的度数等于 $\overset{\frown}{AP}-\overset{\frown}{PC}$ 的度数的一半. 从图 3.21(b)可见,当 P'' 沿 $P''B$ 趋近于 P 时,$P''A$ 趋于 PA,$\overset{\frown}{PC}$ 趋于零,而圆外角∠$AP''B$ 趋于弦切角∠APB,由连续原理立即可以推知,∠APB 的度数还是等于 $\overset{\frown}{AP}$ 的度数的一半.

由这个定理立即可以推得以下定理:

定理 3.8　弦切角等于所夹弧所对的圆周角.

【例 5】　切线 PA 切圆于 A,割线 PCB 交圆于 C、B,AM 是∠BAC 的平分线,交圆于 M,交 BC 于 F,PD 是∠APB 的平分线,交 AM 于 O,交圆于 E、D,如图 3.22 所示,那么 $PD\perp AM$.

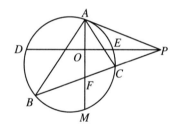

图 3.22

证法 1　∠EOA 是圆内角,∠PAC 是弦切角,∠BAM 和∠CAM 是圆周角,∠APD 和∠BPD 是圆外角. 由已知条件可得∠$BAM=$∠CAM,所以 $\overset{\frown}{BM}=\overset{\frown}{CM}$,又∠$APD=$∠$BPD$,所以 $\overset{\frown}{AD}-\overset{\frown}{AE}=\overset{\frown}{BD}-\overset{\frown}{CE}$,从而 $\overset{\frown}{AE}+\overset{\frown}{BD}=\overset{\frown}{CE}+\overset{\frown}{AD}$,故 $\overset{\frown}{AE}+\overset{\frown}{BD}+\overset{\frown}{BM}=\overset{\frown}{CE}+\overset{\frown}{AD}+\overset{\frown}{CM}$,这就不难证明∠$AOE=$∠$EOM$,所以 $PD\perp AM$.

证法 2　因为∠$PAF=$∠$PAC+$∠$CAF=$∠$B+$∠$BAF=$∠PFA,所以 $PA=PF$,$\triangle PAF$ 是等腰三角形,它的顶角平分线 PO 当然垂直于底边 AF,从而 $PD\perp AM$.

练　习

1. PA、PB 切圆于 A、B，如图 3.23 所示，试利用切线长定理和圆外角的度量定理证明弦切角 $\angle PAB$ 的度数等于 $\overparen{AnB}$ 的度数的一半.

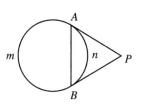

图 3.23

2. 两圆相切（外切或内切）于 T，过 T 作两条割线，交一圆于 A、B，交另一圆于 C、D，如图 3.24 所示，那么 $AB\parallel CD$.

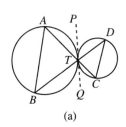
(a)

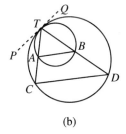
(b)

图 3.24

3. 两圆相切（外切或内切），大圆的弦 AB（或延长线）切小圆于 C，如图 3.25 所示，那么 TC 必定平分 $\angle ATB$（或 $\angle ATB$ 的邻补角）.

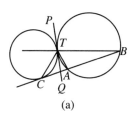
(a)

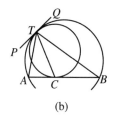
(b)

图 3.25

《 习 题 3 》

1. $ABCD$ 是平行四边形,以 A 为圆心、以 AB 为半径作圆,交 BA 的延长线于 E,交 AD、BC 分别于 F、G,如图 3.26 所示,那么 $\overset{\frown}{EF} = \overset{\frown}{FG}$.

2. 将半圆的直径 AB 分为四等份,设分点为 C、O、D,如图 3.27 所示,那么过 C 和 D 而垂直于 AB 的直线 CE、DF 必将半圆周三等分.

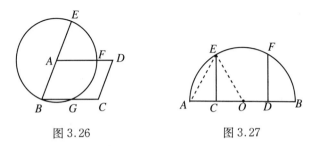

图 3.26　　　　　　　　　图 3.27

3. $\odot O$ 的两条弦 AD、BC 相交于 P,AC、BD 延长后相交于 Q,如图 3.28 所示,那么 $\angle APB + \angle AQB = \angle AOB$,$\angle APB - \angle AQB = \angle COD$.

4. AB 是 $\odot O$ 的直径,弦 PQ 交 OA 于 M,如图 3.29 所示,如果 $PM = OM$,那么 $\overset{\frown}{AP} = \dfrac{1}{3}\overset{\frown}{BQ}$.

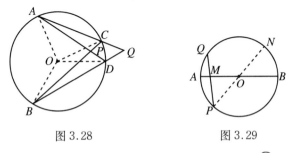

图 3.28　　　　　　　　　图 3.29

5. QA 切 $\odot O$ 于 A,QB 交 $\odot O$ 于 B 和 C,P 是 $\overset{\frown}{BC}$ 上的任意一

点,如图 3.30 所示,那么 $\angle P + \angle Q = \angle AOB$,$\angle P - \angle Q = \angle AOC$.

6. AB、BC、$\cdots$、FA 是同一圆中的六条弦,AB、DE 相交于 X,BC、EF 相交于 Y,CD、FA 相交于 Z,如图 3.31 所示,那么 $\angle AXE + \angle CYE = \angle AZC$.

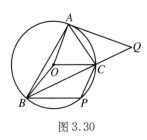

图 3.30

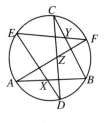

图 3.31

7. A、B、C 是圆周上的任意三点,$\angle BAC$ 的平分线 AM 交 BC 于 D,交 $\odot ABC$ 于 M,如图 3.32 所示,那么 $\angle ABM = \angle BDM$,$\angle ACM = \angle CDM$.

8. PA 切圆于 A,QB 切圆于 B,RC 切圆于 C,并且 P、Q、R 分别在 BC、CA、BA 的延长线上,如图 3.33 所示,那么 $\angle P + \angle Q = \angle R$.

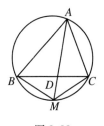

图 3.32

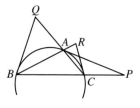

图 3.33

9.(1)PA、PB 分别切圆于 A 和 B,Q 是劣弧 $\overset{\frown}{AB}$ 上的任意一点,如图 3.34 所示,那么 $\angle P = \angle Q - \angle A - \angle B$.

(2)如果 Q 是优弧 $\overset{\frown}{AmB}$ 上的任意一点,能得到什么结论?

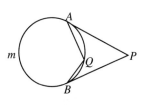

图 3.34

10. A、B、C、D 是圆周上的任意四点，AB 和 DC 延长后交于 E，AD 和 BC 延长后交于 F，如图 3.35 所示，那么 $\angle AED$ 的平分线和 $\angle AFB$ 的平分线互相垂直.

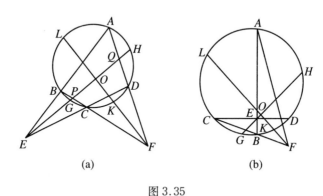

(a)　　　　　　(b)

图 3.35

11. A、B、C、D 是圆周上的任意四点，一条直线 EF 和 AD、BC 相交成等角，如图 3.36 所示，那么这条直线和 AB、CD 相交也成等角，并且和 AC、BD 相交也成等角.

12. A、B、C 是圆周上的三点，在射线 AB 上截取 $AC' = AC$，又在射线 AC 上截取 $AB' = AB$，$B'C'$ 交圆于 P、Q，如图 3.37 所示，那么 $AP = AQ$.

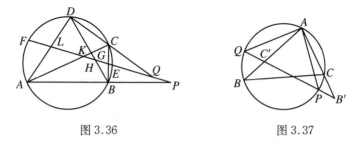

图 3.36　　　　　　　　图 3.37

13. 两圆相切于 T，过 T 作三条割线 AA'、BB'、CC' 分别交一圆

于 A、B、C，交另一圆于 A'、B'、C'，如图 3.38 所示，求证：$\angle BAC = \angle B'A'C'$，$\angle ACB = \angle A'C'B'$.

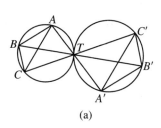 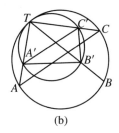

(a)   (b)

图 3.38

14. 两圆外离或内含，一条割线交一圆于 P、A，交另一圆于 P'、A'. 过 P 和 P' 分别在各圆内作平行弦 $PB /\!/ P'B'$，$PC /\!/ P'C'$，如图 3.39 所示，那么 $\angle ABC = \angle A'B'C'$，$\angle BCA = \angle B'C'A'$.

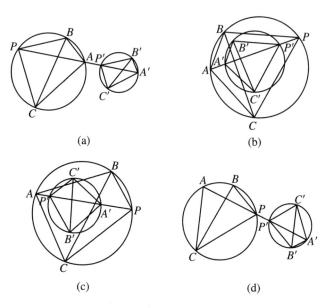

(a)   (b)

(c)   (d)

图 3.39

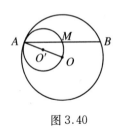

图 3.40

15. 小圆内切于大圆且通过大圆圆心,如图 3.40 所示,那么大圆中通过切点 A 的任意弦 AB 必定被小圆圆周所平分.

16. 两圆相交于 P 和 Q,割线 AB、CD 分别通过 P 和 Q,交一圆于 A、C,交另一圆于 B、D,如图 3.41 所示,那么 AC∥BD.

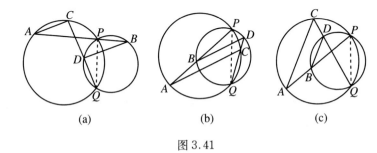

(a)   (b)   (c)

图 3.41

17. 两圆相交于 A 和 B,过 A 作两圆的切线分别交一圆于 C,交另一圆于 D,如图 3.42 所示,那么 ∠ABC = ∠ABD.

18. A、B、C 是圆周上的任意三点,BM 和 CN 分别是 ∠ABC 和 ∠ACB 的平分线,如图 3.43 所示.已知 BM = CN,问:AB 是否等于 AC?

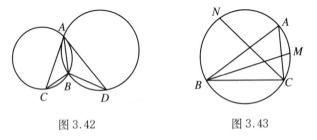

图 3.42   图 3.43

19. 两圆相交于 P 和 Q,过 P 作割线 AB 分别交两圆于 A 和 B,

过 A 和 B 作两圆的切线相交于 M,如图 3.44 所示,那么 $\angle AMB$ 等于定值.

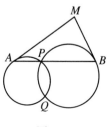

图 3.44

20. 两圆相交于 P 和 Q,过 P 点作两圆的切线分别交另一圆于 B 和 A,AB 交两圆于 C 和 D,如图 3.45 所示,那么 $PC = PD$.

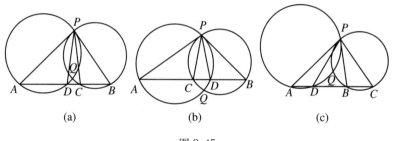

(a)   (b)   (c)

图 3.45

21. 在 $\triangle ABC$ 中,$\angle BAC$ 的内外平分线分别交直线 BC 于 D 和 E,如图 3.46 所示,那么过 A 点作 $\triangle ABC$ 的外接圆的切线必平分 DE.

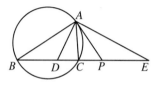

图 3.46

22. 证明弦切角的递定理:过△ABC 的顶点 B 作射线 BD,使 $\angle CBD = \angle A$,并使 $\angle CBD$ 和 $\angle ABC$ 在 BC 的两侧,如图 3.47 所示,那么 BD 切⊙ABC 于 B.

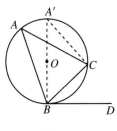

图 3.47

23. 在△ABC 中,过 A、B 两点作圆切 BC 于 B,又过 A、C 两点作圆切 AB 于 A,两圆相交于 W,如图 3.48 所示,那么:

(1) $\angle WAB = \angle WBC = \angle WCA$;

(2) $\angle BWC = \angle BAC + \angle ABC$.

24. 两圆外切于 T,一条外公切线切第一个圆于 A,切第二个圆于 B,一条割线过 T 点交第一个圆于 C,交第二个圆于 D,如图 3.49 所示,那么 $AC \perp BD$.

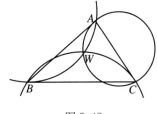

图 3.48

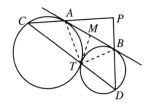

图 3.49

4 和圆有关的多边形

如果一个多边形(包括三角形)的各个顶点在同一个圆的圆周上,那么这个多边形叫作圆的**内接多边形**,这个圆叫作多边形的**外接圆**;如果一个多边形的各边都切于一个圆,那么这个多边形叫作圆的**外切多边形**,这个圆叫作多边形的**内切圆**.另外,如果一个三角形的一条边和另外两条边的延长线都切于同一个圆,那么这个圆就叫作三角形的旁切圆.其他多边形的旁切圆,这里不去研究.

4.1 三角形的外接圆、外心、垂心、重心

1. 三角形的外接圆、外心

前面已经讲过,不在一条直线上的三点决定一个圆,由此立即可以推得下面的定理:

定理 4.1 在三角形中,三边的垂直平分线交于一点,这点到三角形的三个顶点距离相等.以这点为圆心、以这点到任何一个顶点的距离为半径的圆,必定通过其他两个顶点.

这个圆就是三角形的外接圆,外接圆的圆心叫作三角形的外心,外接圆的半径叫作三角形的外半径.

锐角三角形的外心必定在三角形的内部,钝角三角形的外心必

定在三角形的外部,直角三角形的外心是斜边的中点.

【例 1】 在 $\triangle ABC$ 中,L、M、N 分别是 BC、CA、AB 的中点,设 $\triangle ANM$、$\triangle NBL$、$\triangle MLC$ 的外心分别是 O_1、O_2、O_3,如图 4.1 所示,那么 $\triangle O_1 O_2 O_3 \cong \triangle LMN$.

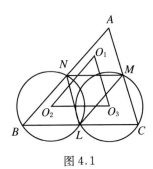

图 4.1

由三角形中位线的性质,容易看出 $\triangle NBL \cong \triangle MLC$,所以它们的外接圆相等.设 $O_2 D$ 和 $O_3 E$(图中未画)分别是这两个圆中的弦 BL 和 LC 的弦心距,那么 $O_2 D = O_3 E$,所以 $O_2 O_3 /\!/ BC$.由 1.4 节的例 3 可知

$$O_2 O_3 = \frac{1}{2} BC.$$

又

$$MN = \frac{1}{2} BC,$$

所以

$$O_2 O_3 = MN.$$

同理可证

$$O_3 O_1 = NL,$$

$$O_1 O_2 = LM,$$

于是就证明了 $\triangle O_1 O_2 O_3 \cong \triangle LMN$.

练　习

1. AC、BD 是四边形 $ABCD$ 的对角线,如图 4.2 所示,在 $\triangle ABC$、$\triangle BCD$、$\triangle CDA$、$\triangle DAB$ 中,如果有两个三角形有同一的外心,那么四个三角形都有同一的外心.

2. O 是 $\triangle ABC$ 的外心,O 点关于 BC、CA、AB 的轴对称的点分别是 A'、B'、C',如图 4.3 所示,那么 $\triangle A'B'C' \cong \triangle ABC$,并且这两个三角形的对应边彼此平行.

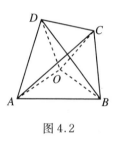

图 4.2

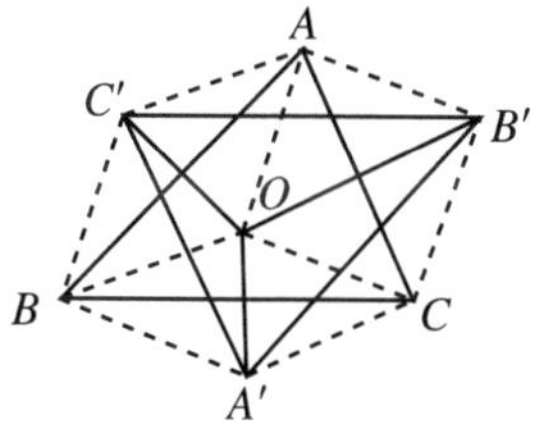

图 4.3

3. 四边形 $ABCD$ 的对角线相交于 E,设 $\triangle EAB$、$\triangle EBC$、$\triangle ECD$、$\triangle EDA$ 的外心分别是 O_1、O_2、O_3、O_4,如图 4.4 所示,证明 $O_1O_2O_3O_4$ 是平行四边形;并问:分别在什么情况下 $O_1O_2O_3O_4$ 是矩形、菱形、正方形?

4. 在三角形中,外心在锐角对边上所张的角等于这个锐角的 2 倍;外心在钝角对边上所张的角等于这个钝角的补角的 2 倍.

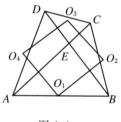

图 4.4

2．三角形的垂心

定理 4.2 三角形的三条高(或延长线)交于一点.

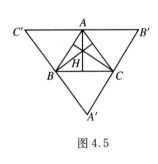

图 4.5

三角形的三条高(或延长线)的交点叫作三角形的垂心.垂心和外心有密切的关系.实际上,过三角形的各顶点作对边的平行线,这些平行线相交于 A'、B'、C'(图 4.5),容易看出,原三角形 ABC 的三条高是新三角形 $A'B'C'$ 的三条边的垂直平分线,所以必然交于一点.

一个三角形三边中点的连线所成的三角形叫作这个三角形的中点三角形.从图 4.5 可见,一个三角形的外心是它的中点三角形的垂心.

锐角三角形的垂心必定在三角形的内部,钝角三角形的垂心必定在三角形的外部(在钝角的对顶角的内部),直角三角形的垂心是直角顶点.

【**例 2**】 在三角形中,垂心到一个顶点的距离等于外心到对边距离的 2 倍.

证法 1 设 AD、BE、CF 是△ABC 的高,相交于 H,那么 H 就是△ABC 的垂心,又设△ABC 的外心为 O,$OM \perp BC$(图 4.6).

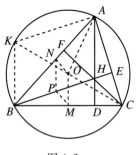

图 4.6

连接 CO,延长后交外接圆于 K,连接 AK、BK.立刻可以看出 OM 是△CKB 的中位线,所以 $BK = 2OM$.因为 CK 是直径,所以 $AK \perp AC$,$BK \perp BC$.但 $BE \perp AC$,$AD \perp BC$,所以 $AK /\!/ BE$,$BK /\!/ AD$,而 $AKBH$ 是平行四边形,$AH = BK$.又 $BK = 2OM$,所以 $AH = 2OM$.

证法 2 取 AB 的中点 N 和 BH 的中点 P,连接 NP、ON、PM,不难证明四边形 $ONPM$ 是平行四边形,并且 $NP = \dfrac{1}{2}AH$. 请读者自行研究.

练 习

1. 设 AD、BE、CF 是锐角 $\triangle ABC$ 的三条高,它们相交于 H,问 $\triangle HBC$、$\triangle HCA$、$\triangle HAB$ 的垂心各是哪一点?

2. $\triangle ABC$ 的外心是 O,O 点关于 BC、CA、AB 的轴对称的点分别是 O_1、O_2、O_3,如图 4.7 所示,试利用例 2 的结果,证明 $\triangle ABC$ 的垂心 H 是 $\triangle O_1O_2O_3$ 的外心.

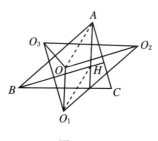

图 4.7

3. 在上题的图 4.7 中,证明 O 点是 $\triangle O_1O_2O_3$ 的垂心.

4. 在第 2 题的图 4.7 中,证明 O_1、O_2、O_3 分别是 $\triangle BHC$、$\triangle CHA$、$\triangle AHB$ 的外心,并且 $\triangle ABC$、$\triangle HBC$、$\triangle HCA$、$\triangle HAB$ 的外接圆相等.

3. 三角形的重心

定理 4.3 三角形的三条中线交于一点,这点到一边中点的距离等于这边的中线的 $\dfrac{1}{3}$.

三角形的三条中线的交点叫作这个三角形的重心.重心一定在三角形的内部.

设 O 是 $\triangle ABC$ 的外心,H 是 $\triangle ABC$ 的垂心,M 是 BC 的中点,那么容易证明 $OM \parallel AH$,并且由例 2 可知 $OM = \frac{1}{2}AH$(图 4.8).连接 AM,交 OH 于 G,将 AG 的中点 T 和 HG 的中点 S 连接,那么可得 $ST \parallel AH$,$ST = \frac{1}{2}AH$.所以 $OM \underline{\parallel} ST$,$\triangle OMG \cong \triangle STG$.

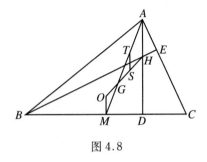

图 4.8

因此 $OG = GS = SH$,$GM = TG = AT$,故 $OG = \frac{1}{3}OH$,$GM = \frac{1}{3}AM$.因为 O 点、H 点都是定点,所以 G 点也是定点,而 AM 是 BC 边上的中线,AM 通过定点 G,当然其他两边上的中线也要通过 G 点;同时,因为 $GM = \frac{1}{3}AM$,G 点到其他两边中点的距离也要等于各边上的中线的 $\frac{1}{3}$.这样,定理就证明了.

这里,我们又在无意中证明了:一个三角形的外心、垂心和重心三点在一条直线上.这条直线叫作欧拉(Euler)线.

重心和外接圆没有什么关系,但与外心和垂心有关系.事实上,一个三角形的重心是这个三角形和它的中点三角形的外接圆的逆位似心,以后讲到两个圆的位似时要用到它,所以在此附带提一下.

【例 3】 三角形的中点三角形的外心必定在原三角形的欧拉线上,并且它到原三角形重心的距离等于它到原三角形外心(或垂心)的距离的 $\frac{1}{3}$.

设△ABC 的中点三角形是△LMN,它的外接圆分别交 BC、CA、AB 于 D、E、F(图 4.9).连接 AD、MD,因为 NM∥BC,所以 $\overset{\frown}{MD}$ = $\overset{\frown}{NL}$,MD = NL.因为 NL = $\frac{1}{2}$AC,所以 MD = $\frac{1}{2}$AC = MA = MC,因此∠ADC = 90°,AD 是 BD 边上的高.同理,连接 BE、CF,必定分别是 AC 边和 AB 边上的高,它们的交点就是△ABC 的垂心,设为 H.又设△ABC 的外心为 O,那么 OL∥AD,△LMN 的外接圆的圆心必定在弦 LD 的垂直平分线上.同理,△LMN 的外接圆的圆心也必定在 ME 和 NF 的垂直平分线上.但由平行线截相等线段的定理可知,LD、ME、NF 的垂直平分线都要通过 OH 的中点 K,所以这三条垂直平分线交于一点 K,因此 K 点就是△LMN 的外心.由于 KO = KH = $\frac{1}{2}$OH,GO = $\frac{1}{2}$GH = $\frac{1}{3}$OH,因此不难算出 GK = $\frac{1}{3}$KO = $\frac{1}{3}$KH.

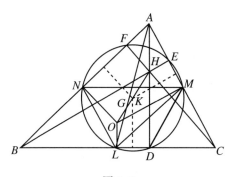

图 4.9

练　习

1. 一个三角形的重心同时也是它的中点三角形的重心.

2. 一个三角形的外心 O、垂心 H、重心 G 三点中如果有两点重合,那么这个三角形必定是等边三角形.

4.2　三角形的内切圆和旁切圆、内心和旁心

定理 4.4　三角形的三个内角的平分线交于一点,这点到三角形的三条边距离相等.以这点为圆心、以这点到任何一边的距离为半径作圆,必定和另外两条边相切.

这个圆就是三角形的内切圆,内切圆的圆心叫作三角形的内心,内切圆的半径叫作三角形的内半径,内心必定在三角形的内部.

定理 4.5　三角形的一个内角的平分线和其他两个外角的平分线交于一点,这点到三角形的一条边和另外两条边的延长线距离相等.以这点为圆心、以这点到一条边的距离为半径作圆,必定和另外两条边的延长线相切.

这圆就是三角形的旁切圆,旁切圆的圆心叫作三角形的旁心,一个三角形有三个旁切圆,旁心一定在三角形的外部.

这两个定理很容易用"角的平分线上任何一点到角的两边距离相等"的定理来证明.

内切圆和旁切圆的性质很相像,内心和旁心的性质也很相像.因此,如果有一个关于内切圆或内心的定理,往往总有和它极为类似的关于旁切圆或旁心的定理.

【例 4】 在 $\triangle ABC$ 中,内切圆分别切 BC、CA、AB 于 X、Y、Z,BC 边外的旁切圆切 BC、CA、AB 于 X_1、Y_1、Z_1,如图 4.10 所示.又设 $BC = a$,$CA = b$,$AB = c$,$p = \dfrac{1}{2}(a + b + c)$,那么:

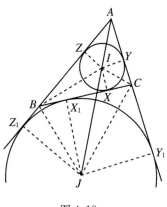

(1) $AY = AZ = p - a$,$BZ = BX = p - b$,$CX = CY = p - c$;

(2) $AZ_1 = AY_1 = p$,$BX_1 = BZ_1 = p - c$,$CX_1 = CY_1 = p - b$.

图 4.10

(1) 证法 1 因为

$$2p = AY + AZ + BZ + BX + CX + CY$$
$$= 2AY + 2BX + 2CX,$$

所以

$$p = AY + BX + CX = AY + a,$$

移项,立得

$$AY = p - a.$$

其余同理.

证法 2 设 $AY = AZ = x$,$BZ = BX = y$,$CX = CY = z$,可得方程组

$$\begin{cases} y + z = a, \\ z + x = b, \\ x + y = c. \end{cases}$$

解这个方程组,也得到同样的结果.

(2) 因为两圆的内公切线上夹在两条外公切线之间的线段等于

外公切线,所以 $BC = ZZ_1$,也就是 $ZZ_1 = a$. 因此

$$AY_1 = AZ_1 = AZ + ZZ_1 = p - a + a = p.$$

又

$$BX_1 = BZ_1 = AZ_1 - AB = p - c,$$

$$CX_1 = CY_1 = AY_1 - AC = p - b.$$

问题就全部解决了.

练 习

1. $\triangle ABC$ 的内切圆切 BC 于 X,设 BC、CA、AB 各边外的旁切圆分别切 BC 于 X_1、X_2、X_3,又设 BC、CA、AB 分别等于 a、b、c,那么:

(1) $XX_1 = |b - c|$;

(2) $X_2X_3 = b + c$;

(3) $XX_2 = AC = b$,$XX_3 = AB = c$;

(4) $X_1X_2 = AB = c$,$X_1X_3 = AC = b$.

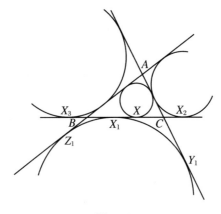

图 4.11

2. 在直角 $\triangle ABC$ 中，$\angle A = 90°$，内半径为 r，BC、CA、AB 各边外的旁切圆半径分别为 r_1、r_2、r_3，如图 4.12 所示，并设 BC、CA、AB 之长分别为 a、b、c，那么

$$r = \frac{1}{2}(b + c - a),$$

$$r_1 = \frac{1}{2}(a + b + c),$$

$$r_2 = \frac{1}{2}(a + b - c),$$

$$r_3 = \frac{1}{2}(c + a - b).$$

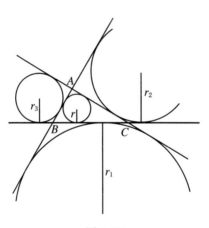

图 4.12

3. $\odot I$ 是 $\triangle ABC$ 的内切圆，在 $\angle A$、$\angle B$、$\angle C$ 的内部分别作 $\odot I$ 的切线交 AB、BC、CA 于 D、E、F、G、H、K，如图 4.13 所示，那么 $\triangle ADK$、$\triangle BEF$、$\triangle CGH$ 的周长的和等于 $\triangle ABC$ 的周长．

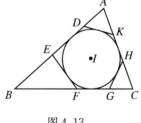

图 4.13

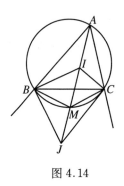

图 4.14

4. 在三角形中,内心在一边上所张的角等于一个直角加上这边对角的一半;旁心在一边上所张的角等于一个直角减去这边对角的一半.

5. 在 $\triangle ABC$ 中,I 是内心,J 是 BC 边外的旁心,M 是外接圆上 $\overset{\frown}{BC}$ 的中点,如图 4.14 所示,那么 M 既是 $\triangle BIC$ 的外心,也是 $\triangle BJC$ 的外心.

4.3　圆外切四边形

1. 圆外切四边形的性质定理

定理 4.6　在圆外切四边形中,一组对边之和等于另一组对边之和.

设 $ABCD$ 为圆外切四边形,AB、BC、CD、DA 分别切圆于 E、F、G、H,如图 4.15 所示.容易看出,$AE = AH$,$BE = BF$,$CG = CF$,$DG = DH$.将这四式相加,立即可得所要的结果.

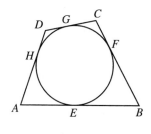

图 4.15

【**例 5**】 $ABCD$ 为圆外切四边形,AC 为对角线,那么△ABC 的内切圆和△ADC 的内切圆互相外切(图 4.16).

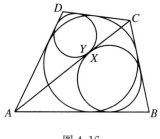

图 4.16

设△ABC 和△ADC 的内切圆分别切 AC 于 X 和 Y,由例 4 可知

$$AX = \frac{1}{2}(AB + AC + BC) - BC$$

$$= \frac{1}{2}(AB + AC - BC),$$

$$AY = \frac{1}{2}(AC + AD + CD) - CD$$

$$= \frac{1}{2}(AC + AD - CD).$$

但因为 $ABCD$ 为圆外切四边形,所以 $AB + CD = AD + BC$,也就是 $AB - BC = AD - CD$.因此 $AX = AY$,就是说 X 和 Y 重合.因为这两个圆切 AC 于同一点,所以它们相切.

练 习

1. 在圆外切六边形 $ABCDEF$ 中,$AB + CD + EF = BC + DE + FA$.这是圆外切四边形的性质定理的推广.能不能再推广?

2. $ABCD$ 为圆外切四边形,AB 和 DC 延长后相交于 E,AD 和

BC 延长后相交于 F,如图 4.17 所示,那么 $AE + CF = AF + CE$.

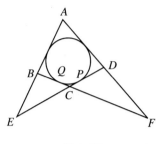

图 4.17

3. 在图 4.15 中,设 D 点趋于圆周上某一点 D',那么 G、H 都要趋于 D',而 AD 和 DC 趋于一直线.试利用圆外切四边形的性质和连续原理证明 4.2 节中的例 4.

2. 圆外切四边形的判定定理

定理 4.7　在一个四边形中,如果一组对边之和等于另一组对边之和,那么这个四边形必有内切圆.

设在四边形 $ABCD$ 中,$AB + CD = AD + BC$.

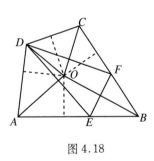

图 4.18

如果 $AB > AD$,那么 $AB - AD = BC - CD$,在 AB 上取 $AE = AD$,在 CB 上取 $CF = CD$,连接 DE、EF、FD,如图 4.18 所示.容易看出,△ADE、△BEF、△CDF 都是等腰三角形,它们的顶角平分线就是它们的底边的垂直平分线,也就是△DEF 的各边的垂直平分线,它们交于一点 O 是必然的.这样就可以推得 O 点到四边形 $ABCD$ 的各边距离相等,问题就不难解决了.

如果 $AB < AD$,也可以用类似的方法解决.

如果 $AB = AD$,情况比较简单,留给读者作为练习.

这个定理如果用反证法来证明,比较容易设想.

设在四边形 $ABCD$ 中,

$$AB + CD = AD + BC. \qquad ①$$

作 $\angle A$ 和 $\angle D$ 的平分线,相交于 O.设 O 点到 CD、AD、AB 的距离分别是 OL、OM、ON,那么 $OL = OM = ON$.

以 O 为圆心、以 OL 为半径作圆,必与 CD、AD、AB 三边相切,如图 4.19 所示.倘若 BC 不和 $\odot O$ 相切,可以作 $\odot O$ 的一条切线 $B'C'$,使 $B'C' /\!/ BC$ 并与 BC 在 O 点的同侧(不要过 B 点作 $\odot O$ 的切线,因为它需要证明所作的切线和 CD 相交),那么 $B'C'$ 必定和 AB、

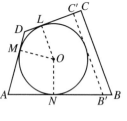

图 4.19

CD 都相交.设交点就是 B' 和 C',那么在四边形 $AB'C'D$ 中,必有

$$AB' + C'D = AD + B'C'. \qquad ②$$

设 $CD > C'D$,必定有 $AB > AB'$.①式减去②式,得

$$AB - AB' + CD - C'D = BC - B'C'.$$

从而

$$B'B + C'C = BC - B'C',$$

或

$$B'B + B'C' + C'C = BC.$$

这就是说线段 BC 的长等于和它有公共端点的折线 $BB'C'C$ 的长,显然这是不可能的.设 $CD < C'D'$,证法也一样.总之,倘若 BC 不切于 $\odot O$,就要发生矛盾.因此 BC 必定与 $\odot O$ 相切,所以 $ABCD$ 是圆外切四边形.

【例6】 如果等腰梯形的中位线等于它的腰,那么这个等腰梯形有内切圆.

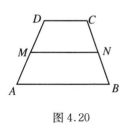

图 4.20

设在梯形 $ABCD$ 中,$AB /\!/ CD$,$AD = BC$,MN 是它的中位线,如图 4.20 所示,那么 $MN = \frac{1}{2}(AB + CD)$. 根据已知条件,又有 $MN = AD = BC$,所以 $MN = \frac{1}{2}(AD + BC)$. 于是问题就不难解决了.

练　习

1. 求证:等形必有内切圆.

2. 以等腰梯形的上下两底 AB、CD 为底边在梯形外面作等腰 $\triangle EAB$ 和等腰 $\triangle GCD$,设 EA 和 GD 交于 H,EB 和 GC 交于 F,如图 4.21 所示,求证四边形 $EFGH$ 必有内切圆.

3. I 和 J 分别是 $\triangle ABC$ 的内心和 BC 边外的旁心,分别过 I 和 J 作 BC 的平行线交 AB、AC 于 D、E 和 F、G,如图 4.22 所示,那么四边形 $DFGE$ 必有内切圆.

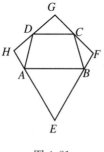

图 4.21

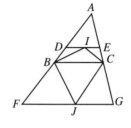

图 4.22

4.4　圆内接四边形

1．圆内接四边形的性质定理

定理4.8　在圆内接四边形中，一组对角之和等于另一组对角之和.

这个定理也可以这样说：圆内接四边形对角互补.或者说：圆内接四边形的任何一个外角等于它的内对角.

这个定理很容易用圆周角的度量关系来证明.

【**例7**】　两圆相交于 P 和 Q，割线 AB、CD 分别通过 P 和 Q 交一圆于 A 和 C，交另一圆于 B 和 D，如图 4.23 所示，那么 $AC /\!\!/ BD$.

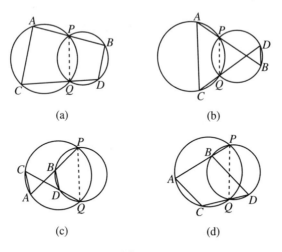

(a)　　　　　　　　　　(b)

(c)　　　　　　　　　　(d)

图 4.23

连接 PQ，可以看出，$ACQP$ 是圆内接四边形，所以 $\angle BAC = \angle PQD$，而 $\angle PQD$ 和 $\angle PBD$ 相等或相补，问题就不难解决了.

练　习

1. 将 4.4 节例 7 中的已知条件增加一个"$AB \parallel CD$",如图 4.24 所示,那么 $ACDB$ 是平行四边形.

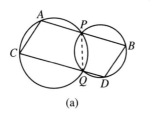 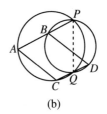

(a)　　　　　　　　　　(b)

图 4.24

2. 小圆在大圆内部,一条割线顺次交两圆于 A、B、C、D,另一条割线顺次交两圆于 E、F、G、H,并且 $AE \parallel BF$,如图 4.25 所示,那么 $CG \parallel DH$.若两圆外离、相交……请读者自行研究.

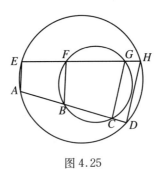

图 4.25

3. 在圆内接六边形中,一组不相邻的三个内角之和等于另一组不相邻的三个内角之和.

2. 圆内接四边形的判定定理

定理 4.9　在四边形中,如果一组对角之和等于另一组对角之和,那么这个四边形是圆内接四边形.

这个定理也可以这样说:如果四边形的对角互补,那么这个四边形有外接圆.或者说:如果四边形的一个外角等于它的内对角,那么这个四边形内接于圆.

这个定理很容易用反证法证明.另一证法见 4.5 节中的例 9.

【**例 8**】　在任意四边形 $ABCD$ 中,AB 和 CD 的延长线相交于 E,AD 和 BC 的延长线相交于 F,$\triangle BCE$ 的外接圆和 $\triangle CDF$ 的外接圆相交于 G,如图 4.26 所示,那么四边形 $ABGF$ 和四边形 $ADGE$ 都是圆内接四边形.

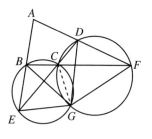

图 4.26

证法 1　连接 CG,立刻可以看出,$\angle BGC = \angle BEC$,$\angle CGF = \angle CDA$,而 $\angle BEC$ 和 $\angle CDA$ 正好是 $\triangle AED$ 的两个内角,它们加上 $\angle A$ 可得 $180°$,所以 $\angle BGC + \angle CGF + \angle A = 180°$.问题就解决了.

证法 2　因为 $\angle EBG = \angle ECG$,而四边形 $CGFD$ 是圆内接四边形,所以 $\angle ECG = \angle AFG$,于是 $\angle EBG = \angle AFG$.问题也就解决了.

对于四边形 $ADGE$,可以用同样的方法来证明.

练　习

1. 在△*ABC* 的三边 *BC*、*CA*、*AB* 上各任取一点 *D*、*E*、*F*，设 ⊙*BDF* 和⊙*CDE* 再相交于 *G*，如图 4.27 所示，那么四边形 *AFGE* 是圆内接四边形.

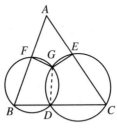

图 4.27

2. 在梯形 *ABCD* 中，*AB* ∥ *CD*，过 *A*、*B* 两点作一圆，与 *AD*、*BC*（或它们的延长线）分别相交于 *E* 和 *F*，如图 4.28 所示，那么 *CDEF* 是圆内接四边形.

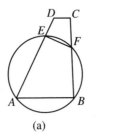
(a)

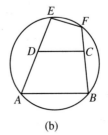
(b)

图 4.28

3. 在任意四边形的外侧（或内侧）作四个圆，使每个圆与四边形的三条边（包括延长线）相切，那么这四个圆心在同一圆周上（此圆也可能退化为点圆）.

4.5　对偶原理

在射影几何学里,常有这样的情况,就是将一个命题中的点换成直线,同时将直线换成点,所得的命题仍正确,这就叫作对偶原理.原命题的点和直线互换后所得的命题叫作对偶命题.在平面内,点和直线叫作对偶元素.至于曲线,可以看作点的轨迹[图 4.29(a)],也可以看作直线的包络[图 4.29(b)],所以曲线是自为对偶的.

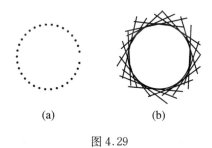

(a)　　　　　　(b)

图 4.29

举例说明如下:

(1)"两点确定一直线",它的对偶命题是"两直线决定一点"(在引入无穷远元素之后,这个命题就没有例外了)."三点在一直线上",它的对偶命题是"三直线交于一点"(这点也可能是无穷远点).

(2)"不在一直线上的三点可以连成一个三角形",它的对偶命题是"不交于一点的三直线可以相交成一个三边形"(在引入无穷远元素之后,这个命题就没有例外了).但实际上三边形就是三角形,所以三角形是自为对偶的.

(3)"平面内有四点 A、B、C、D,任何三点不在一直线上,可以连成六条直线[图 4.30(a)],这个图形叫作完全四角形.在完全四角形中,一组对边的交点叫作对角点,所以完全四角形有三个对角点(P、Q、R)."这个命题的对偶命题是"平面内有四条直线 a、b、c、d,任何三条直线不交于一点,可以相交于六点[图 4.30(b)],这个图形叫作**完全四边形**.在完全四边形中,一组对角的连线叫作**对角线**,完全四边形有三条对角线(p、q、r)".

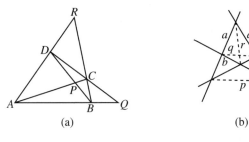

图 4.30

注意,图 4.30(a)中的 Q、R 两点可能有一点是无穷远点,或者两点都是无穷远点.在图 4.30(b)中,a、b、p 的交点或 c、d、p 的交点可能是无穷远点,这时三条直线平行.或者两点都是无穷远点,这时 p 就成了无穷远直线.

(4) 图 2.55 中的帕普斯定理可以这样说:"如果一个六边形的各顶点交替落在两条直线上,则它的三双对边的交点在一条直线上."这个命题的对偶命题是"如果一个六边形(图 4.31 中的 a、b、c、d、e、f 六条直线组成的六边形)的各边交替通过两个定点(图 4.31 中的 M、N),那么它的三双对角的顶点连线(图 4.31 中的 AD、BE、CF)交于一点(图 4.31 中的 P).注意,M、N、P 都可能是无穷远点".

(5) "直线切于圆"和"点在圆周上"是互为对偶的,所以图 2.53 中的布利安桑定理和图 2.56 中的帕斯卡定理也是互为对偶的.这是一组极为著名的互为对偶的定理.

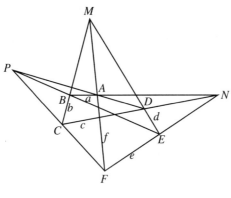

图 4.31

如果一个命题的内容不属于射影几何的范围,对偶原理就不一定正确.不过,要是掌握恰当,也能发挥相当的作用.

例如,多边形的边是两个顶点相连而成的,多边形的角是两条边相交而成的,所以多边形的边和角可以看作是互为对偶的.这样一来,"一个三角形如果有两边相等,那么它们所对的角也相等".这个命题的对偶命题就是"一个三角形如果有两角相等,那么它们所对的边也相等",这就是大家所共知的等腰三角形的性质定理及其逆定理.等腰三角形是自为对偶的,腰和底角成对偶,底边和顶角成对偶.

又如,"多边形的顶点在圆周上",这是将圆看作点的轨迹,而这个多边形的顶点是组成这个轨迹的某几个点,也就是这个多边形内接于圆.这个命题的对偶命题应当是"多边形的边在圆周上",这是将圆看作直线的包络,而这个多边形的边是组成这个包络的某几条直线,也就是这个多边形外切于圆.因此,同边数的圆内接多边形和圆外切多边形是互为对偶的."圆内接四边形的一组对角之和等于另一组对角之和",这个命题的对偶命题是"圆外切四边形的一组对边之和等于另一组对边之和".反之,圆外切四边形的判定定理是"在四边形中,如果一组对边之和等于另一组对边之和,那么这个四边形必有内切圆".这个命题的对偶命题就是"在四边形中,如果一组对角之和等于另一组对角之和,那么这个四边形必有外接圆".既然这两个命题是互为对偶的,那么它们的证明方法也应当有类似的关系.现在让我们来看下面的例题.

【例9】 证明圆内接四边形的判定定理.

在4.3节的第2部分内容中,证明圆外切四边形的判定定理(定理4.7,图4.18)的方法,是假设这个四边形的相邻两边不等,大边减去小边,由此获得三个等腰三角形.而这三个等腰三角形的三条底边又组成一个新三角形,它的三边的垂直平分线就是原四边形的三个内角的平分线,所以必然交于一点.在圆内接四边形的判定定理中,根据对偶原理,假设四边形的相邻两角不等,大角减去小角,希望获得三个等腰三角形,这三个等腰三角形的三个顶角又成为一个新三角形的三个角,它们的平分线若正好是原四边形的三条边的垂直平分线,问题就可以解决了.下面我们按照这个设想进行证明.

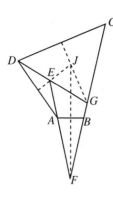

图 4.32

首先,设在四边形 $ABCD$ 中,$\angle BAD + \angle BCD = \angle ABC + \angle ADC$,如果 $\angle BAD > \angle ABC$,立即推得 $\angle ADC > \angle BCD$.以 A 为顶点、以 AB 为一边,在 $\angle BAD$ 的同侧作 $\angle BAE = \angle ABC$.又以 D 为顶点、以 CD 为一边,在 $\angle ADC$ 的同侧作 $\angle CDG = \angle BCD$.GD 与 AE 相交于 E,又与 BC 相交于 G,EA 与 CB 的延长线相交于 F,如图 4.32 所示.不难看出,$\triangle FAB$ 和 $\triangle GCD$ 都是等腰三角形.又由已知条件得 $\angle BAD - \angle ABC = \angle ADC - \angle BCD$,即

∠EAD = ∠EDA，所以 △EAD 也是等腰三角形. 在 △EFG 中，∠AFB 的平分线正好是 AB 的垂直平分线，而 ∠FEG 和 ∠FGE 的外角的平分线正好是 AD 和 CD 的垂直平分线，它们必然交于 △EFG 的旁心 J. 这就可以证明 J 点到 B、A、D、C 四点距离相等，和我们的预期相符. 这样，就证明了四边形 ABCD 有外接圆.

其次，如果 ∠BAD < ∠ABC，也可用类似的方法证明. 如果 ∠BAD = ∠ADC，这种情况比较简单，留给读者自行研究.

练 习

1. "四边相等的四边形必有内切圆."说出这个命题的对偶命题，并加以验证.

2. "一组邻边相等，另一组邻边也相等的四边形是圆外切四边形."说出这个命题的对偶命题，并加以验证.

4.6 四 点 共 圆

如果四点在同一圆周上，将它们两两连接起来，就有许多对同弧的圆周角. 因为对同弧的圆周角相等，所以遇有四点共圆的时候，就有很多相等的角可以利用. 因此，四点共圆的问题在圆的研究中占据相当重要的地位，需要特别提出来讨论.

定理 4.10 如果两点张等角于另两点的同侧，那么这四点共圆. 如果两点张补角于另两点的异侧，那么这四点也共圆.

所谓一点在另两点上的张角，就是指这点和另两点分别连接起来所得的角. 例如，在图 4.33 中，A 点在 B、D 两点上所张的角，就是

$\angle BAD$.有时也说成是"A 点在线段 BD 上所张的角".

本定理的后半部分无异于说:"在四边形 $ABED$ 中(图 4.33),$\angle A + \angle E = 180°$,这个四边形就有外接圆."这已经证明过了.现在要证明定理的前半部分.

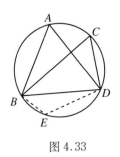

图 4.33

证法 1　设 $\angle BAD = \angle BCD$,且 A、C 在 BD 的同侧.过 A、B、D 三点作一个圆,在这个圆周上取一点 E,使 E 和 A 在 BD 的异侧,如图 4.33 所示,那么 $ABED$ 是圆内接四边形,所以 $\angle BAD + \angle BED = 180°$.与已知条件比较,立得 $\angle BCD + \angle BED = 180°$,所以 $BCDE$ 是圆的内接四边形.

但 B、E、D 三点只决定一个圆,而 A 和 C 都在这个圆周上,所以 A、B、C、D、E 五点共圆,本定理当然包括在内了.

证法 2　设 $\angle BAD = \angle BCD$,而 $\angle BAD > \angle ABC$.以 A 为顶点、以 AB 为一边,在 $\angle BAD$ 的同侧作 $\angle BAE = \angle ABC$.又以 D 为顶点、以 CD 为一边,在 $\angle ADC$ 的同侧作 $\angle CDG = \angle BCD$.AE 与 BC 相交于 F,GD 与 AE 相交于 E,又与 BC 相交于 G,如图4.34所示.容易证明△FAB、△GCD、△EAD 都是等腰三角形.因此,△EFG 和图 4.32 中的△EFG 具有同样的

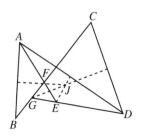

图 4.34

作用,它的一个内角和两个外角的平分线交于一点 J,J 点就是 AB、CD、AD 的垂直平分线的交点,至此本定理就不难证明了.

这个定理还可以用反证法证明,请读者自行研究.

有关四点共圆的问题,要在证明了四点共圆以后,不必画出这个圆,就能看出"对同弧的圆周角相等"和"圆内接四边形的外角等于内

对角",这样才能在解题时运用自如.

【例 10】 在△ABC 中,三条高 AD、BE、CF 交于垂心 H,L、M、N 分别是 BC、CA、AB 的中点,P、Q、R 分别是 AH、BH、CH 的中点,那么 L、M、N、D、E、F、P、Q、R 九点在同一圆周上,如图 4.35 所示,这个圆叫作 △ABC 的九点圆.

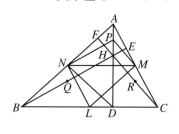

图 4.35

因为过 L、M、N 三点一定可以作一个圆,所以只要证明其余六点都在这个圆周上就可以了.

首先,因为 MN、ML 都是△ABC 的中位线,所以 MN∥BC,ML∥AB,故∠NML = ∠ABC.又 ND 是直角△ABD 的斜边上的中线,所以 ND = NB,故∠NDL = ∠ABC,因此∠NML = ∠NDL,所以 M、N、L、D 共圆,即 D 点在⊙LMN 上.同理,E、F 也都在这个圆上.

其次,因为 PN 是△ABH 的中位线,所以 PN∥BE.又上面已证明 NL∥CA,而 BE⊥CA,所以 PN⊥NL.同理,PM⊥ML.所以 ∠PNL + ∠PML = 180°,因此 P、N、L、M 共圆,即 P 点在⊙LMN 上.同理,Q、R 也在⊙LMN 上.这就证明了 L、M、N、D、E、F、P、Q、R 九点共圆.

练 习

1. 如果两个三角形的底边相等,顶角相等或相补,那么这两个三角形有相等的外接圆.

2. AD、BE、CF 是△ABC 的三条高,相交于垂心 H,在 A、B、C、D、E、F、H 七点中有六组四点共圆,试逐一列出,并指出各圆心在何处.

3. 在 $\triangle ABC$ 中, AD 是 BC 边上的高, 作 $DE \perp AC$, $DF \perp AB$, E、F 是垂足, 如图 4.36 所示, 那么 A、E、D、F 共圆, B、C、E、F 也共圆.

4. O 和 H 分别是 $\triangle ABC$ 的外心和垂心, 如图 4.37 所示, 如果 $\angle BAC = 60°$, 那么 B、O、H、C 共圆.

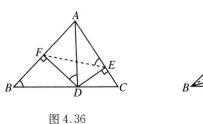
图 4.36

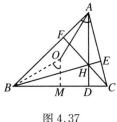
图 4.37

4.7　四点共圆的应用

四点共圆的应用很广泛, 现举数例如下.

1. 应用四点共圆证明角度相等

【例 11】　证明三角形的三条高交于一点.

证法 1　设 $\triangle ABC$ 是锐角三角形, BE、CF 是两条高, 相交于 H.

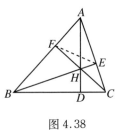
图 4.38

连接 AH, 延长后交 BC 于 D, 如图 4.38 所示. 现在只需证明 $\angle ADB$ 或 $\angle ADC = 90°$ 就可以了, 所以这是一个求证角度相等的问题. 连接 EF, 因为 $HE \perp AE$, $HF \perp AF$, 所以 A、E、H、F 四点共圆, $\angle EAH = \angle EFH$, 也即 $\angle CAD = \angle EFC$. 又因为 $BE \perp CE$, $CF \perp BF$, 所以 B、C、

E、F 四点共圆，$\angle EFC = \angle EBC$，因此 $\angle CAD = \angle EBC$. 但 $\angle EBC +$ $\angle ACB = 90°$，所以 $\angle CAD + \angle ACB = 90°$，这就证明了 $AH \perp BC$，问题就解决了.

证法 2　仍设 BE、CF 是锐角 $\triangle ABC$ 的两条高，相交于 H. 连接 EF、AH，又作 $HD \perp BC$，如图 4.39 所示，只需证明 $\angle AHE$ 和 $\angle BHD$ 是对顶角就可以了，所以，这仍是一个求证角度相等的问题. 和第一个证法同理，因为 A、E、H、F 四点共圆，所以 $\angle AHE = \angle AFE$. 又 B、C、E、F 四点共圆，所以 $\angle AFE = \angle ACB$，因此 $\angle AHE = \angle ACB$. 但 $\angle ACB = 90° - \angle CBE$，而

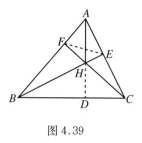

图 4.39

$\angle BHD = 90° - \angle CBE$，所以 $\angle ACB = \angle BHD$，由此可得 $\angle AHE = \angle BHD$，所以它们是对顶角，而 A、H、D 三点在一条直线上，问题也就解决了.

如果 $\triangle ABC$ 是钝角三角形的话，比如 $\angle BAC$ 是钝角，那么仅仅是 A 和 H 的位置互换，E 和 F 的位置互换，图形和证法仍然和上面相同. 如果 $\triangle ABC$ 是直角三角形，证明就更简单了，请读者自行研究.

练　习

1. 证明：锐角三角形的垂心是它的垂足三角形的内心；钝角三角形的垂心是它的垂足三角形的一个旁心（在三角形中，三条高的垂足连接起来所得到的三角形叫作原三角形的垂足三角形）.

2. 圆内接四边形 $ABCD$ 的对角线相交于 O，自 O 作各边的垂线，垂足为 E、F、G、H，如图 4.40 所示，那么 OE、OF、OG、OH 是四

边形 *EFGH* 各内角的平分线,由此证明四边形 *EFGH* 必有内切圆.

3. 两圆相交于 *P*、*Q*,过 *P* 作割线 *AC* 和 *BD* 分别交一圆于 *A*、*D*,交另一圆于 *B*、*C*,如图 4.41 所示.

(1) 证明 $\angle CBQ = \angle ADQ$;

(2) 若 *DA*、*CB* 和 *QP* 延长后交于一点 *S*,那么 $\angle SQA = \angle SQB$.

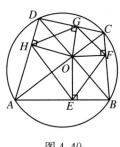

图 4.40

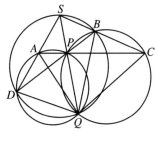

图 4.41

2. 应用四点共圆证明线段相等

【例 12】 *AB*、*CD* 是 ⊙*O* 的两条直径,*P* 是圆周上的任一点,作 *PM*⊥*AB*,*PN*⊥*CD*,*AH*⊥*CD*,如图 4.42 所示,那么 *MN* = *AH*.

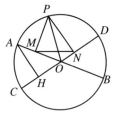

图 4.42

由已知条件易见 $\angle PMO + \angle PNO = 180°$,所以 *P*、*M*、*O*、*N* 共圆,*OP* 是此圆的直径,并且 $\angle AOH = \angle MPN$.又 $\angle AHO = 90°$,所以 *H* 在以 *OA* 为直径的圆上,而 *OP* = *OA*,因此以 *OP* 和 *OA* 为直径的两圆相等.在这两个等圆中,圆周角 $\angle AOH$ 和 $\angle MPN$ 相等,它们所对的弧必然相等,所以这两弧所对的弦也相等.

练　习

1. 过△ABC 的顶点 B、C 任作一圆分别交 AB 和 AC(或延长线)于 D 和 E,连接 DE,交⊙ABC 于 P 和 Q,如图 4.43 所示,那么 $AP = AQ$.

2. O 是△ABC 的外心,⊙BOC 分别交 AB 和 AC(或延长线)于 D 和 E,如图 4.44 所示,那么 $AD = CD$,$AE = BE$.

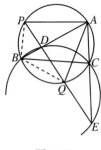 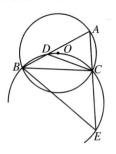

图 4.43　　　　　　　　图 4.44

3. M 是直角△ABC 斜边 BC 的中点,过 A 和 M 任作一圆交 AB 于 D,又作弦 $DE // BC$,如图 4.45 所示,那么 $DE = BM$.

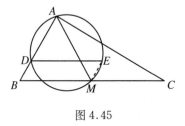

图 4.45

3. 应用四点共圆证明两直线平行或垂直

【**例 13**】　$ABCD$ 是圆内接四边形,P、Q、R、S 分别是△ABD、△ABC、△CBD、△ACD 的内心,如图 4.46 所示,那么 $PQRS$ 是矩形.

要证明 $PQRS$ 是矩形,只要证明它的一个内角,例如∠SPQ 是

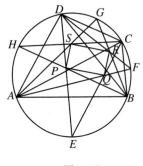

图 4.46

直角,其余各角可以类推.要证明 $PQ \perp PS$,只需证明 PQ 和 PS 分别平行另两条互相垂直的直线就可以了.因为 E、F、G、H 分别是 $\overset{\frown}{AB}$、$\overset{\frown}{BC}$、$\overset{\frown}{CD}$、$\overset{\frown}{DA}$ 的中点,所以由 3.2 节中的例 1 可知 $EG \perp HF$.又由 4.2 节后的练习 5 可知 $EA = EB = EP = EQ$,所以 A、P、Q、B 共圆,故 $\angle PQA = \angle PBA$.但 A、B、F、H 四点共圆,所以 $\angle PBA = \angle HFA$.因此 $\angle PQA = \angle HFA$,所以 $PQ /\!/ HF$.同理可证 $PS /\!/ EG$.问题就可以顺利解决了.

练　习

1. 在平行四边形 $ABCD$ 的对角线上任取一点 P,过 P 作 AB、CD 的公垂线 EG,又作 AD、BC 的公垂线 FH,如图 4.47 所示,那么 $EF /\!/ GH$.

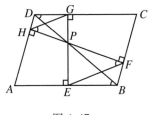

图 4.47

2. 从圆内接四边形 $ABCD$ 的顶点 A、D 分别作对角线 BD 和 AC 的垂线,E、F 为垂足,如图 4.48 所示,那么 $EF /\!/ BC$.

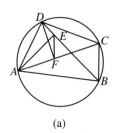

(a)

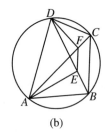

(b)

图 4.48

3. BE、CF 是△ABC 的两条高,相交于 H,M 是 BC 的中点,N 是 AH 的中点,如图 4.49 所示,那么 $MN \perp EF$.

4. PA、PB 切⊙O 于 A、B,过 P 作割线交⊙O 于 C、D,过 B 作 $BE \parallel CD$,连接 AE 交 PD 于 M,如图 4.50 所示,那么:

(1) $\angle AMP = \angle ABP$;

(2) P、A、M、O、E 五点共圆;

(3) $OM \perp PM$.

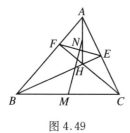

图 4.49

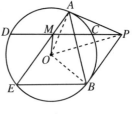

图 4.50

4. 应用四点共圆证明诸圆共点

【例 14】 I 是△ABC 的内心,过 B、I 作圆与 CI 相切,又过 C、I 作圆与 BI 相切,那么这两个圆与△ABC 的外接圆共点.

设所作两圆相交于 P,连接 PB、PC、PI,如图 4.51 所示,那么∠PIC 是⊙PIB 的弦切角,所以 $\angle PIC = \angle PBI$. 同理 $\angle PIB = \angle PCI$,故

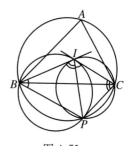

图 4.51

$$\angle ABP + \angle ACP = \angle PBI + \angle ABI + \angle PCI + \angle ACI$$

$$= \angle PIC + \angle PIB + \frac{1}{2}\angle ABC + \frac{1}{2}\angle ACB$$

$$= \angle BIC + \frac{1}{2}(\angle ABC + \angle ACB).$$

但由 4.2 节后的练习 4 可知 $\angle BIC = 90° + \dfrac{1}{2}\angle BAC$，由此易得 $\angle ABP + \angle ACP = 180°$，所以 A、B、P、C 四点共圆，也即 $\odot PIB$、$\odot PIC$ 和 $\odot ABC$ 三圆交于一点.

练 习

1. 在任意 $\triangle ABC$ 的三边上向外作三个正三角形,如图 4.52 所示,那么这三个正三角形的外接圆共点.

2. 分别以 $\triangle ABC$ 的边 AB、AC 为一边向外作正方形 $ABDE$ 和 $ACFG$,又以 BC 为对角线作正方形 $BHCK$,如图 4.53 所示,那么这三个正方形的外接圆共点.

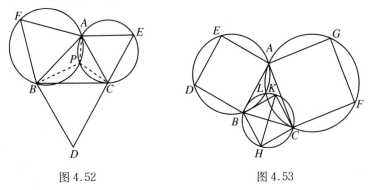

图 4.52　　　　　　　　　　图 4.53

3. 在 $\triangle ABC$ 中,D、E、F 分别是 BC、CA、AB 三边上的任意点,如图 4.54 所示,那么 $\odot AFE$、$\odot BDF$、$\odot CED$ 共点.

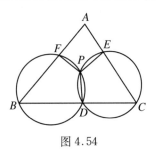

图 4.54

4.8 圆和正多边形

如果一个多边形的各边都相等,各个角也都相等,那么这个多边形就叫作正多边形.从下面的定理可知正多边形是存在的.

1. 正多边形的判定定理

定理 4.11 如果将一个圆周分为 n(n 是大于 2 的整数)等份,那么:

(1) 顺次连接各个分点就得到一个内接于圆的正多边形;

(2) 过各分点作圆的切线就得到一个外切于圆的正多边形.

这个定理的证明很容易,请读者自行完成.

【例 15】 $ABCD$ 为正方形,对角线 AC、BD 交于 O. 分别以 A、B、C、D 为圆心,以 OA、OB、OC、OD 为半径作弧,与各边交于 E、F、G、H、K、L、M、N,如图 4.55 所示,那么 $EFGHKLMN$ 是一个正八边形.

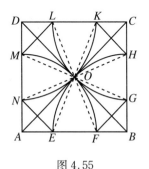

图 4.55

在图 4.55 中,容易看出,四条弧 $\overparen{EH}$、$\overparen{GL}$、$\overparen{KN}$、$\overparen{MF}$的半径都相

等,而且正方形的对角线和边所成的角都是 45°,所以根据等圆中圆心角相等则所对的弧相等,弧相等则所对的弦相等的原理,立得 OE $= OF = \cdots = ON$,也就是 E、F、$\cdots$、N 八点共圆.其次,这四条弧的每一条都和对角线相切,所以 $\angle AOE$、$\angle BOF$、$\angle BOG$、$\cdots$、$\angle AON$ 都等于所夹弧度数的一半,即 22.5°.由此可以算出 $\angle NOE = 2 \times 22.5°$ $= 45°$,$\angle EOF = 90° - 2 \times 22.5° = 45° \cdots$ 因此 E、F、$\cdots$、N 八点恰好将它们所在的圆周分成八等份,所以 $EFGHKLMN$ 是正八边形.

另一方面,我们也不难证明这个八边形的各边都相等,各角也都相等,请读者自行研究.

练 习

1. $\triangle ABC$ 是正三角形,将各边三等分,设分点为 E、F、G、H、K、L,如图 4.56 所示,那么 $EFGHKL$ 是正六边形.

2. $ABCD$ 是正方形,在各边上取 $AE = BF = CG = DH$,AF、BG、CH、DE 相交于 K、L、M、N,如图 4.57 所示,那么 K、L、M、N 是正方形.

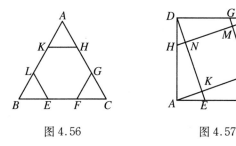

图 4.56　　　　　图 4.57

2. 正多边形的性质

定理 4.12　任何正多边形必定有一个外接圆和一个内切圆,并且这两个圆是同心圆.

设在正多边形 $A_1A_2\cdots A_n$ 中,$\angle A_1A_2A_3$ 的平分线和 $\angle A_2A_3A_4$ 的平分线相交于 O,如图 4.58 所示,那么因为 $\angle A_1A_2A_3 = \angle A_2A_3A_4$,所以它们的一半也相等,即 $\angle OA_2A_3 = \angle OA_3A_2$,故 $OA_2 = OA_3$. 连接 OA_4,在 $\triangle OA_2A_3$ 与 $\triangle OA_4A_3$ 中,有 $A_2A_3 = A_3A_4$,OA_3 为公共边,$\angle OA_3A_2 = \angle OA_3A_4$,所以 $\triangle OA_2A_3 \cong \triangle OA_4A_3$,从而 $OA_2 = OA_4$. 用同样的方法可以

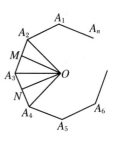

图 4.58

证明 $OA_3 = OA_5\cdots\cdots$所以 O 点到各顶点的距离都相等,这就证明了正多边形 $A_1A_2\cdots A_n$ 有外接圆.

其次,作 $OM \perp A_2A_3$,又作 $ON \perp A_3A_4$,因为 A_2A_3、A_3A_4 是 $\odot O(OA_2)$ 中相等的弦,所以它们的弦心距 $OM = ON$. 用同样的方法可以证明 O 点到各边的距离都相等,这就证明了正多边形 $A_1A_2\cdots A_n$ 有内切圆,并且这两个圆的圆心都是 O 点.

正多边形的外接圆半径叫作正多边形的半径;正多边形的内切圆半径叫作正多边形的边心距;正多边形的外接圆和内切圆的公共圆心叫作正多边形的中心;正多边形的中心在一边上所张的角叫作正多边形的中心角. 显而易见,正多边形的中心角有下列性质:

定理 4.13 正 n 边形的每个中心角等于 $\dfrac{2\pi}{n}$,所以正 n 边形的中心角等于它的一个外角.

【例 16】 $ABCD\cdots K$ 是正 n 边形,AC 是最短的对角线,AD 是较 AC 略长并与 AC 相邻的对角线,如图 4.59 所示,延长 AD 到 H 使 $DH = AB$,那么 $CH = AC$.

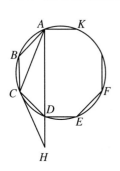

图 4.59

因为正多边形必有外接圆,将正 n 边形 $ABC\cdots K$ 的外接圆画出来,就很容易看出 $\overset{\frown}{AB} = \overset{\frown}{BC} = \overset{\frown}{CD} = \cdots$.要证明 $CH = AC$,只需证明 $\angle H = \angle CAD$ 就可以了.因为 $DH = CD$,所以 $\angle CDA = \angle H + \angle HCD = 2\angle H$.但 $\angle CDA$ 的度数等于 $\overset{\frown}{AB} + \overset{\frown}{BC}$ 的度数的一半,$\angle CAD$ 的度数等于 $\overset{\frown}{CD}$ 的度数的一半,所以问题就不难解决了.

练　习

1. $ABC\cdots K$ 是正 n 边形,过 C 点作它的外接圆的切线交 AD 的延长线于 H,如图 4.59 所示,那么 $CD = DH$,$AC = CH$.

2. 如图 4.60 所示,在正六边形 $ABCDEF$ 中,求证:

(1) 对角线 BF 与对角线 CE 平行;

(2) 对角线 BF 与边 BC 垂直;

(3) 对角线 BF 被对角线 AC、AE 分为三等份.

3. 如图 4.61 所示,在正五边形 $ABCDE$ 中,对角线 AC 和对角线 BE 相交于 F,求证:

(1) $CDEF$ 是菱形;

(2) $\triangle FAB \backsim \triangle ABE$;

(3) $BF : FE = FE : BE$.

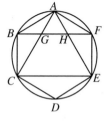

图 4.60

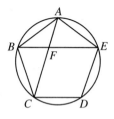

图 4.61

《习 题 4》

1. 四边形 $ABCD$ 有内切圆 O,如图 4.62 所示,那么 $\triangle AOB$ 的外接圆和 $\triangle COD$ 的外接圆互相外切.

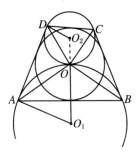

图 4.62

2. O 和 H 分别是 $\triangle ABC$ 的外心和垂心,如图 4.63 所示,如果 $\angle BAC = 60°$(或 $120°$),那么 $AO = AH$.

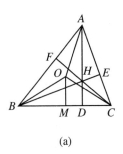
(a)

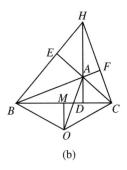
(b)

图 4.63

3. AD、BE、CF 是 $\triangle ABC$ 的三条高,交于一点 H,如图 4.64 所示,用 $\angle A$、$\angle B$、$\angle C$ 表示 $\triangle ABC$ 各内角的度数,用 $\angle D$、$\angle E$、$\angle F$ 表示 $\triangle ABC$ 的垂足三角形 $\triangle DEF$ 各内角的度数.如果 $\triangle ABC$ 是锐角三角

形，那么 $\angle D = 180° - 2\angle A$，$\angle E = 180° - 2\angle B$，$\angle F = 180° - 2\angle C$.

4. 记法同上题. 如果 $\triangle ABC$ 是钝角三角形，$\angle A > 90°$，如图 4.65 所示，那么 $\angle D = 2\angle A - 180°$，$\angle E = 2\angle B$，$\angle F = 2\angle C$.

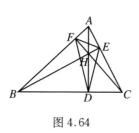 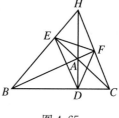

图 4.64　　　　　　　　　　图 4.65

5. $\triangle ABC$ 的内切圆切 BC 于 X、切 CA 于 Y、切 AB 于 Z，如图 4.66 所示，用 $\angle A$、$\angle B$、$\angle C$ 表示 $\triangle ABC$ 各内角的度数，用 $\angle X$、$\angle Y$、$\angle Z$ 表示切点三角形 $\triangle XYZ$ 各内角的度数，那么 $\angle X = 90° - \dfrac{\angle A}{2}$，$\angle Y = 90° - \dfrac{\angle B}{2}$，$\angle Z = 90° - \dfrac{\angle C}{2}$.

6. 在 $\triangle ABC$ 中，BC 边外的旁切圆切 BC 于 X_1、切 CA 于 Y_1、切 AB 于 Z_1，如图 4.67 所示，用 $\angle A$、$\angle B$、$\angle C$ 表示 $\triangle ABC$ 各内角的度数，用 $\angle X_1$、$\angle Y_1$、$\angle Z_1$ 表示 $\triangle X_1 Y_1 Z_1$ 各内角的度数，那么 $\angle X_1 = 90° + \dfrac{\angle A}{2}$，$\angle Y_1 = \dfrac{\angle B}{2}$，$\angle Z_1 = \dfrac{\angle C}{2}$.

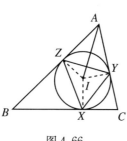 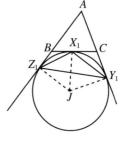

图 4.66　　　　　　　　　　图 4.67

7. AD 是直角 $\triangle ABC$ 斜边 BC 上的高,设 $\triangle ABC$、$\triangle ABD$、$\triangle ACD$ 的内半径分别为 r、r'、r'',如图 4.68 所示,那么 $AD = r + r' + r''$.

8. O 和 H 分别是锐角 $\triangle ABC$ 的外心和垂心,在 AB 上取 $AK = AO$,在 AC 上取 $AL = AH$,又作 $OM \perp BC$ 并延长一倍到 N,如图 4.69 所示,那么 $\triangle AKL \cong \triangle OBN$.

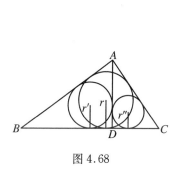

图 4.68

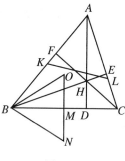

图 4.69

9. $ABCD$ 是圆外切四边形,如图 4.70 所示,证明它的任何一组对边中点的连线 MN 必定小于它的周长的四分之一.

10. $ABCD$ 为平行四边形,过 B、D 两点任作一圆,交四条边(或它们的延长线)于 E、F、G、H,如图 4.71 所示,那么 $EF \parallel GH$.

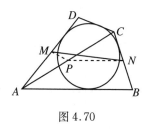

图 4.70

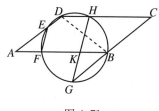

图 4.71

11. H 是 $\triangle ABC$ 的垂心,AK 是它的外接圆的直径,如图 4.72 所示,那么 HK 和 BC 互相平分.

12. 如果 I 是 $\triangle ABC$ 的内心,AI、BI、CI 分别交外接圆于 L、M、N,如图 4.73 所示,那么 I 是 $\triangle LMN$ 的垂心.反之,如果 I 是

△LMN 的垂心,LI、MI、NI 延长后交外接圆于 A、B、C,那么 I 是 △ABC 的内心.

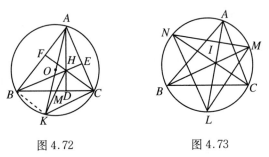

图 4.72　　　　　　　　　图 4.73

13. 在三角形中,内心和一个旁心连成的线段,或两个旁心连成的线段,必被外接圆所平分(图 4.74).

14. 过△ABC 的各顶点作它的外接圆的切线,如图 4.75 所示,这三条切线围成的△PQR 叫作原△ABC 的切线三角形,而△ABC 叫作△PQR 的切点三角形.证明:

(1) 任何三角形的外心是它的切线三角形的内心;反之,任何三角形的内心是它的切点三角形的外心.

(2) 任何三角形的切线三角形的各边平行于它的垂足三角形的各相应边.

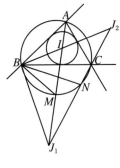

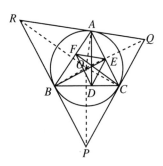

图 4.74　　　　　　　　　图 4.75

15. AB、CD 为圆内两条平行弦，M 是 AB 的中点，F 是 $\overarc{BD}$ 上的任一点，CM 交圆于 E，EF 交 AB 于 N，如图 4.76 所示，那么 M、N、F、D 四点共圆.

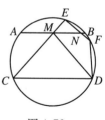

图 4.76

16. 从圆心 O 向任意直线 l 作垂线 OM，过垂足 M 作弦 AB，过 A 和 B 分别作 $\odot O$ 的切线交直线 l 于 C 和 D，如图 4.77 所示，那么 $MC = MD$.

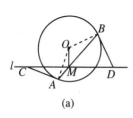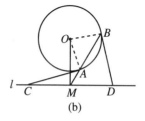

(a)　　　　　　　　(b)

图 4.77

17. 两圆相交于 P、Q，过 P 作割线交一圆于 A，交另一圆于 B，过 A 和 B 分别作两圆的切线，相交于 T，如图 4.78 所示，那么 T、A、Q、B 四点共圆.

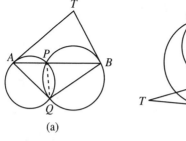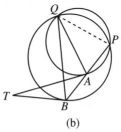

(a)　　　　　　　　(b)

图 4.78

18. BD、CE 是△ABC 的两条高,过 B、C 分别作 BF、CG 垂直于 DE,如图4.79 所示,那么 $\angle ABF = \angle CBD$,$\angle ACG = \angle BCE$.

19. O 是△ABC 的外心,AC、AB 的垂直平分线分别交 AB、AC(或延长线)于 D 和 E,如图 4.80 所示,那么 B、D、O、C、E 五点共圆.

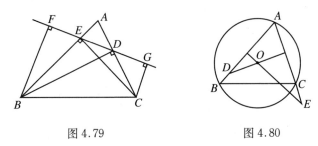

图 4.79　　　　图 4.80

20. 切线 PQ 切圆于 T,割线 TA、TB 和圆相交于 A、B,且 C、D 两点分别在 TA 和 TB 上,如图 4.81 所示,求证:A、B、C、D 四点共圆的充要条件是 $CD /\!/ PQ$.

21. 在△ABC 中,$AB = AC$,以 BC 的中点 O 为圆心,作圆与 AB、AC 都相切,又作 DE 切于⊙O,并与 AB、AC 分别相交于 D 和 E,如图 4.82 所示,求证:$\angle BOD = \angle CEO$,$\angle COE = \angle BDO$.

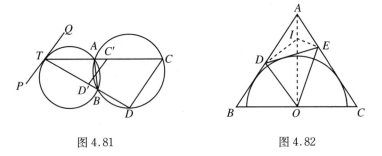

图 4.81　　　　图 4.82

22. *ABCD* 是圆内接四边形, *AB*、*DC* 延长后交于 *E*, *AD*、*BC* 延长后交于 *F*, ⊙*BCE* 与 ⊙*CDF* 交于 *G*, 如图 4.83 所示, 那么 *E*、*G*、*F* 三点在一条直线上.

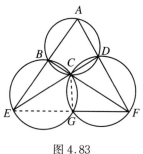

图 4.83

23. 两个等圆相交于 *P*、*Q*, 以 *P* 为圆心任作一圆, 和两个等圆相交于 *A*、*B*、*C*、*D* 四点, 如图 4.84 所示, 那么 *A*、*B*、*Q* 在一条直线上, *C*、*D*、*Q* 也在一条直线上.

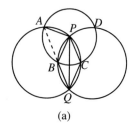
(a)

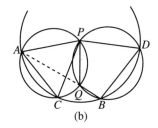
(b)

图 4.84

24. 过 △*ABC* 的两边 *AB*、*AC* 向外分别作正方形 *ABDE*、*ACFG*, 连接 *BG*、*CE*, 如图 4.85 所示, 那么:

(1) *P*、*B*、*D*、*E* 共圆, *P*、*C*、*F*、*G* 也共圆;

(2) *BG*、*CE*、*DF* 交于一点.

25. AB 是 $\odot O$ 的弦,过 O、A 两点任作一圆交 $\odot O$ 于 C,交 AB 于 P,如图 4.86 所示,那么 $PB = PC$.

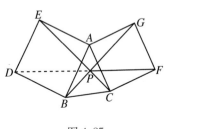 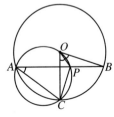

图 4.85　　　　　图 4.86

26. 两圆相交于 P、Q,过 P 作两条割线交一圆于 A、C,交另一圆于 B、D,且使 $\angle APQ = \angle DPQ$,如图 4.87 所示,那么 $AB = CD$.

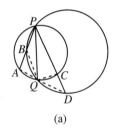 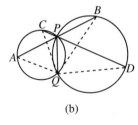 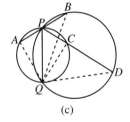

(a)　　　　　　(b)　　　　　　(c)

图 4.87

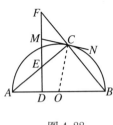

图 4.88

27. AB 是半圆的直径,C 是半圆上的任一点,过 AB 上任一点 D 作 AB 的垂线交 AC 于 E,交 BC 的延长线于 F,如图 4.88 所示,那么 EF 被过 C 点而切于半圆的切线所平分.当 D 点趋于 A 点时,能得到什么结论?

28. 在 $\triangle ABC$ 中,$\angle B = \angle C = 2\angle A$,过 BC、

CA、AB 的中点 L、M、N 作圆分别交 AB、AC 于 F、E,如图 4.89 所示,那么五边形 LEMNF 是正五边形.

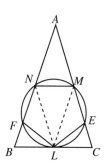

图 4.89

29. 证明:在正 n 边形中,两条最短的对角线相交所得的锐角等于它的中心角.

30. 证明:

(1) 正多边形的边数如果为奇数,那么它的最短对角线必定平行于某一条边;

(2) 正多边形的边数如果为偶数而不是 4 的倍数,那么它的最短对角线必定垂直于某一条边;

(3) 正多边形的边数如果为 4 的倍数,那么它的最短对角线必定垂直于另一条最短对角线.

31. $\triangle ABC$ 是正三角形,P 是平面内任意一点,如图 4.90 所示,若 P 点在外接圆周上,那么 PA、PB、PC 三条线段中最长的一条等于另两条之和;若 P 点不在外接圆周上,那么最长的一条小于另两条之和.

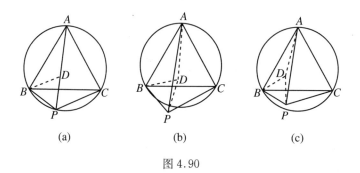

(a)　　　　　(b)　　　　　(c)

图 4.90

32. ABCDEF 是正六边形,P 是外接圆周上的任意一点,如图

4.91 所示,那么在 PA、PB、PC、PD、PE、PF 这六条线段中,较长的两条之和等于其余四条之和.

33. P 是正多边形 $AB\cdots K$ 内部任一点,如图 4.92 所示,那么 P 点到各边的距离之和是一个常数.

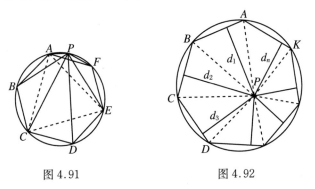

图 4.91   图 4.92

34. 过正多边形的外接圆周上任意一点 P 作外接圆的切线 l,如图 4.93 所示,那么正多边形各顶点到这条切线的距离之和是一个常数.

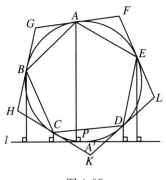

图 4.93

35. 设圆半径的长为 R,圆内接正 n 边形一边的长为 a_n,圆内接正 $2n$ 边形一边的长为 a_{2n},求证:

$$a_{2n} = \sqrt{2R^2 - R\sqrt{4R^2 - a_n^2}}\,(\text{倍边公式}).$$

36. 在△ABC 中,以 BC 为一边在△ABC 外作一个正 p 边形,以 CA 为一边在△ABC 外作一个正 q 边形,以 AB 为一边在△ABC 外作一个正 r 边形,设这三个正多边形的外接圆交于△ABC 内的一点 O,求证:

$$p^{q^r} + q^{r^p} + r^{p^q} = (\log_p q + \log_q r + \log_r p) p^{qr} q^{rp} r^{pq}.$$

5 和圆有关的比例线段及相似关系

比例线段和相似关系是研究几何图形的一种有力工具,这里要用来对圆作进一步的研究.

5.1 点对于圆的幂

1. 圆幂定理

定理 5.1 过一个定点向一个定圆作直线交定圆于两点,那么从定点到交点的两个距离的积是一个定值,这个定值等于从这个定点到圆周上最近点和最远点的两个距离的积.如果圆半径为 r,定点到圆心的距离为 d,那么这个定值等于 $d^2 - r^2$.

设定点为 P,定圆为 $\odot O$.作直线 PO 交圆周于 M 和 N,又过 P 作任意直线交圆周于 A 和 B,如图 5.1 所示,连接 OA、OB,那么 $PM = |OM - OP| = |OA - OP| < PA$,所以 M 是圆周上距 P 最近的点.同理,$PN = PO + ON = PO + OB > PB$,所以 N 是圆周上距 P 最远的点.当 P 点指定之后,PM 和 PN 都是定值,它们的积当然也是定值.

连接 MA、NB,容易看出,在 $\triangle PMA$ 和 $\triangle PBN$ 中,$\angle PAM = \angle PNB$,$\angle APM = \angle NPB$,所以 $\triangle PMA \backsim \triangle PBN$,因此 $PM : PA = PB : PN$,即 $PA \cdot PB = PM \cdot PN$.

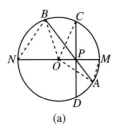
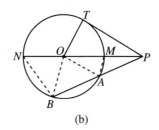

(a)　　　　　　　　　(b)

图 5.1

定值 $PM \cdot PN$ 叫作 P 点对于 $\odot O$ 的幂.当 P 点在圆内时,如图 5.1(a)所示,这个定值等于过 P 点的极小弦 CD 的一半的平方,就是 PC^2 或 PD^2.由连续原理可知,当 P 点在圆外时,如图 5.1(b)所示,割线 PAB 的极限位置是切线 PT,这个定值等于过 P 点的切线长的平方,即 PT^2.在近世几何学中,需要考虑线段的方向,用 $\overline{PM}$、$\overline{PN}$ 表示有向线段.当 P 点在圆内时,$\overline{PM}$ 与 $\overline{PN}$ 的方向相反,因此 P 点对于 $\odot O$ 的幂是负的;当 P 点在圆外时,$\overline{PM}$ 与 $\overline{PN}$ 的方向相同,因此这个幂就是正的.在图 5.1(a)中,连接 OC,那么 $-\overline{PC}^2 = \overline{PO}^2 - \overline{OC}^2 = d^2 - r^2$.在图 5.1(b)中,连接 OT,那么 $\overline{PT}^2 = \overline{PO}^2 - \overline{OC}^2 = d^2 - r^2$.如果 P 点在圆周上,那么 $d = r$,它对于圆的幂就等于零.定理 5.1 就叫作圆幂定理.

如果 $\odot O$ 退化为点圆,那么 P 点对于 $\odot O$ 的幂就是 $\overline{PO}^2$.

根据这个定理可以推知:在直角三角形中,斜边上的高是斜边被这个高分成的两段的比例中项.如图 5.2(a)所示,设 CE 是直角 $\triangle ABC$ 斜边上的高,那么 CD 就是以 AB 为直径的圆中过 E 点的极小弦,所以 $\overline{CE}^2 = \overline{AE} \cdot \overline{EB}$.同时,直角三角形的任何一条直角边是斜边和这条直角边在斜边上的射影的比例中项.如图 5.2(b)所示,因为直角 $\triangle ABC$ 的直角边 AC 就是以另一条直角边 BC 为直径的圆的切线,所以 $\overline{AC}^2 = \overline{AE} \cdot \overline{AB}$.

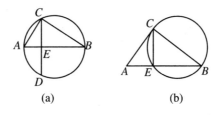

(a)　　　　　　　　　(b)

图 5.2

【**例 1**】　六边形 $ABCDEF$(不一定是凸六边形)的六个顶点在同一圆周上,那么三双对边 AB 和 DE、BC 和 EF、CD 和 FA 的交点 X、Y、Z 共线(帕斯卡定理的特殊情况).

设 BC、DE、FA 三边两两分别相交于 P、Q、R,在 $\triangle PQR$ 中,运用梅涅劳斯(Menelaus)定理,先以 AB 为截线,它和 $\triangle PQR$ 三边的延长线分别相交于 X、B、A,如图 5.3(a)所示,所以

$$\frac{\overline{PX}}{\overline{XQ}} \cdot \frac{\overline{QB}}{\overline{BR}} \cdot \frac{\overline{RA}}{\overline{AP}} = -1.$$

再以 EF 为截线,它和 $\triangle PQR$ 的三边(或延长线)分别相交于 Y、F、E,所以

$$\frac{\overline{QY}}{\overline{YR}} \cdot \frac{\overline{RF}}{\overline{FP}} \cdot \frac{\overline{PE}}{\overline{EQ}} = -1.$$

最后以 CD 为截线,它和 $\triangle PQR$ 的三边(或延长线)分别相交于 Z、D、C,所以

$$\frac{\overline{RZ}}{\overline{ZP}} \cdot \frac{\overline{PD}}{\overline{DQ}} \cdot \frac{\overline{QC}}{\overline{CR}} = -1.$$

将以上三式相乘,并注意 $\overline{QB} \cdot \overline{QC} = \overline{DQ} \cdot \overline{EQ}$,$\overline{RA} \cdot \overline{RF} = \overline{BR} \cdot \overline{CR}$,$\overline{PD} \cdot \overline{PE} = \overline{AP} \cdot \overline{FP}$,则有

$$\frac{\overline{PX}}{\overline{XQ}} \cdot \frac{\overline{QY}}{\overline{YR}} \cdot \frac{\overline{RZ}}{\overline{ZP}} = -1.$$

这就证明了 X、Y、Z 三点共线.

如果这个六边形中有一组对边平行,例如 $AB /\!/ DE$,如图 5.3(b)所示,这时 X 成为无穷远点,$\dfrac{\overline{PX}}{\overline{XQ}}$ 的值是 -1,以上各式仍旧成立.如果这个六边形中有两组对边平行,那么由平行弦夹等弧定理可以证明第三组对边也平行,如图 5.3(c)所示,这时 X、Y、Z 都成为无穷远点,$\dfrac{\overline{PX}}{\overline{XQ}}$、$\dfrac{\overline{QY}}{\overline{YR}}$、$\dfrac{\overline{RZ}}{\overline{ZP}}$ 的值都是 -1,以上各式仍旧成立,这个问题就获得圆满解决了.

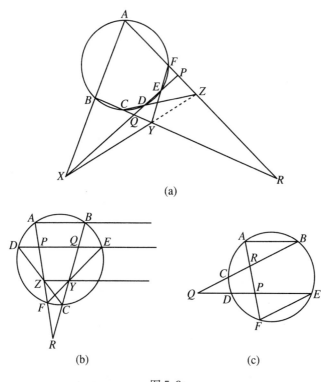

(a)

(b) (c)

图 5.3

练　习

1. AD、BE、CF 是锐角 $\triangle ABC$ 或钝角 $\triangle ABC$ 的三条高,相交于 H,那么 $\overline{AH} \cdot \overline{HD} = \overline{BH} \cdot \overline{HE} = \overline{CH} \cdot \overline{HF}$.

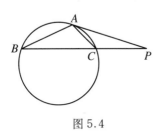

2. 已知条件同上题,求证 $\overline{BA} \cdot \overline{BF} + \overline{CA} \cdot \overline{CE} = \overline{BC}^2$.

3. 过 $\triangle ABC$ 的顶点 A 作外接圆的切线,设交 BC 的延长线于 P,如图 5.4 所示,那么 $\dfrac{\overline{PB}}{\overline{PC}} = \dfrac{\overline{AB}^2}{\overline{AC}^2}$.

图 5.4

2. 圆幂定理的逆定理

定理 5.2　如果两条线段都不延长就相交,或者都延长后才相交,并且从交点到一条线段两端的距离之积等于从交点到另一条线段两端的距离之积,那么这两条线段的四个端点共圆.

设 AB、CD 都不延长就相交于 P[图 5.5(a)],或者都延长后才相交于 P[图 5.5(b)],并且 $\overline{PA} \cdot \overline{PB} = \overline{PC} \cdot \overline{PD}$. 容易看出 $\overline{PA} : \overline{PD} = \overline{PC} : \overline{PB}$,又 $\angle APC = \angle DPB$,所以 $\triangle APC \backsim \triangle DPB$,因此 $\angle PAC = \angle PDB$,问题就解决了.

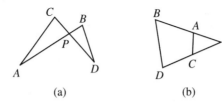

(a)　　　　　　　　(b)

图 5.5

【例 2】　PA、PB 分别切 $\odot O$ 于 A 和 B,PO 交 AB 于 M,过 M

任作弦 CD，如图 5.6 所示，那么 PO 平分 $\angle CPD$.

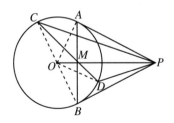

图 5.6

连接 OA、OB，那么 $OA \perp PA$，$OB \perp PB$，所以 P、A、O、B 四点共圆，因此 $\overline{MA} \cdot \overline{MB} = \overline{MO} \cdot \overline{MP}$. 但 AB 和 CD 是 $\odot O$ 内相交的两条弦，所以 $\overline{MA} \cdot \overline{MB} = \overline{MC} \cdot \overline{MD}$，于是 $\overline{MO} \cdot \overline{MP} = \overline{MC} \cdot \overline{MD}$，因此 P、C、O、D 四点共圆. 在这个圆中，连接 OC、OD，因为 $OC = OD$，所以 $\overparen{OC} = \overparen{OD}$，因此 $\angle OPC = \angle OPD$.

练　习

1. 以 $\triangle ABC$ 的两条边 AB、AC 为直径作 $\odot O$ 和 $\odot O'$ 分别交 AC、AB 于 E 和 F，BE 交 $\odot O'$ 于 P、Q，CF 交 $\odot O$ 于 R、S，如图 5.7 所示，那么 P、Q、R、S 四点共圆.

2. PA、PB 切 $\odot O$ 于 A、B，PO 交 AB 于 M，过 P 任作割线 PCD 交 $\odot O$ 于 C、D，如图 5.8 所示，那么 O、M、C、D 四点共圆.

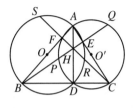
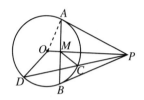

图 5.7　　　　　　　　　　图 5.8

3. MN 是圆的直径,过 M 任作两条割线,与圆相交于 A 和 B,与过 N 点的切线相交于 C 和 D,如图 5.9 所示,那么 A、B、C、D 四点共圆.

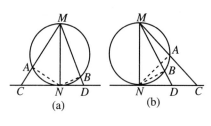

图 5.9

5.2　根轴和根心

1. 根轴

定理 5.3　如果一个动点到两个定圆 $O_1(R_1)$ 和 $O_2(R_2)$ 的幂相等,那么这个动点的轨迹是一条直线.

(1) 如果这两个定圆相切,那么这条直线是过切点的公切线;

(2) 如果这两个定圆相交,那么这条直线是公共弦所在的直线;

(3) 如果这两个定圆外离,那么这条直线在两个圆之间而垂直于连心线,它和 O_1、O_2 的距离分别为 $\dfrac{O_1O_2^2+R_1^2-R_2^2}{2O_1O_2}$ 和 $\dfrac{O_1O_2^2-R_1^2+R_2^2}{2O_1O_2}$;

(4) 如果这两个定圆内含,那么这条直线在两个圆之外而垂直于连心线,它和 O_1、O_2 的距离分别为 $\dfrac{R_1^2-R_2^2+O_1O_2^2}{2O_1O_2}$ 和 $\dfrac{R_1^2-R_2^2-O_1O_2^2}{2O_1O_2}$.

对于两个定圆有相等的幂的点的轨迹,叫作这两个定圆的根轴,也叫作等幂轴.

上面这个定理的(1)和(2)两种情况比较明显,请读者自己证明. 现在证明第(3)种情况.

完备性:设 P 点符合条件,即 PT_1 切 $\odot O_1$ 于 T_1, PT_2 切 $\odot O_2$ 于 T_2,且 $PT_1 = PT_2$.连接 $O_1 T_1$、$O_2 T_2$,作 $PM \perp O_1 O_2$,并设 $\odot O_1$ 和 $\odot O_2$ 的半径分别是 R_1 和 R_2,且 $R_1 > R_2$,那么由 $PT_1 = PT_2$ 容易推得 $PO_1^2 - R_1^2 = PO_2^2 - R_2^2$,也就是 $PO_1^2 - PO_2^2 = R_1^2 - R_2^2$.但 $PO_1^2 - PO_2^2$ $= PO_1^2 - PM^2 - PO_2^2 + PM^2 = (PO_1^2 - PM^2) - (PO_2^2 - PM^2) = MO_1^2 - MO_2^2$,所以 $MO_1^2 - MO_2^2 = R_1^2 - R_2^2$,即 $(MO_1 - MO_2)(MO_1 + MO_2) = R_1^2 - R_2^2$.在图 5.10(a)中,有

$$MO_1 - MO_2 = \frac{R_1^2 - R_2^2}{MO_1 + MO_2} = \frac{R_1^2 - R_2^2}{O_1 O_2}.$$

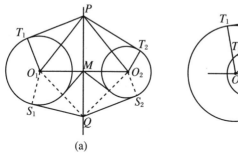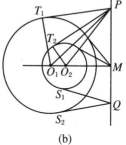

(a)　　　　　　　　　　(b)

图 5.10

右边的 R_1、R_2、$O_1 O_2$ 都是定值,所以 $MO_1 - MO_2 =$ 定值,由此可求得

$$MO_1 = \frac{O_1 O_2^2 + R_1^2 - R_2^2}{2 O_1 O_2},$$

$$MO_2 = \frac{O_1 O_2^2 - R_1^2 + R_2^2}{2 O_1 O_2}.$$

这说明 M 是定点. 在图 5.10(b)中,有

$$MO_1 + MO_2 = \frac{R_1^2 - R_2^2}{MO_1 - MO_2} = \frac{R_1^2 - R_2^2}{O_1O_2}.$$

由此可得

$$MO_1 = \frac{R_1^2 - R_2^2 + O_1O_2^2}{2O_1O_2},$$

$$MO_2 = \frac{R_1^2 - R_2^2 - O_1O_2^2}{2O_1O_2}.$$

这也说明 M 是定点. 总之,从 P 点作 O_1O_2 的垂线,垂足必定是 O_1O_2 上的一个定点 M. 这就是说,符合条件的点都在过 M 点且垂直于 O_1O_2 的直线上.

纯粹性:在直线 PM 上任取一点 Q,过 Q 作切线分别切两圆于 S_1 和 S_2,容易看出

$$\begin{aligned}
QS_1^2 - QS_2^2 &= QO_1^2 - R_1^2 - (QO_2^2 - R_2^2) \\
&= QM^2 + MO_1^2 - R_1^2 - (QM^2 + MO_2^2) + R_2^2 \\
&= MO_1^2 - MO_2^2 - (R_1^2 - R_2^2) = 0.
\end{aligned}$$

这就是说,过 M 且垂直于 O_1O_2 的直线上的点都符合条件.

如果 $R_1 < R_2$,可以用类似的方法证明. 如果 $R_1 = R_2$,那么所求轨迹就是 O_1O_2 的垂直平分线,请读者自己证明.

如果两圆同心,那么它们的根轴就是无穷远直线.

如果两圆中有一圆退化成为一点(点圆),那么它们的根轴仍然存在. 根轴上任意一点 P 到这点的距离等于 P 点到这圆的切线的长. 请读者自行研究.

如果两圆都退化为点圆,那么它们的根轴就是这两点连线的垂

直平分线.

【例3】 如果两圆外离,那么它们的两条外公切线的中点和两条内公切线的中点,四点共线.

设两圆的外公切线分别切两圆于 A_1、B_1、A_2、B_2,内公切线分别切两圆于 C_1、D_1、C_2、D_2,这四条公切线的中点分别是 M_1、M_2、N_1、N_2,如图 5.11 所示,因为 $M_1A_1 = M_1B_1$,所以 M_1 在两圆的根轴上.同理,M_2、N_1、N_2 都在两圆的根轴上,所以四点共线.

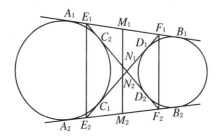

图 5.11

这个问题如果不利用根轴来证明,也可设两条内公切线分别交两条外公切线于 E_1、E_2、F_1、F_2,如图 5.11 所示.首先,证明 $E_1E_2F_2F_1$ 是等腰梯形,$E_1A_1 = E_2A_2 = F_1B_1 = F_2B_2$,那么 M_1M_2 就是它的中位线,$M_1M_2 /\!/ E_1E_2 /\!/ F_1F_2$.其次,证明 $E_1C_2 = F_2D_2$,那么 M_1N_1 就是 $\triangle E_1F_1F_2$ 的中位线,因此 $M_1N_1 /\!/ F_1F_2$.所以 M_1N_1 和 M_1M_2 是同一条直线.最后,证明 $F_1D_1 = E_2C_1$,那么 M_2N_2 就是 $\triangle E_2F_2F_1$ 的中位线,$M_2N_2 /\!/ F_1F_2$,所以 M_2N_2 和 M_1M_2 也是同一条直线.不过,这样证明会麻烦许多.

练　习

1. 两圆相交,在公共弦(或延长线)上任取一点 P,过 P 作割线交一圆于 A、B,交另一圆于 C、D,如图 5.12 所示,那么 $PA \cdot PB = PC \cdot PD$.

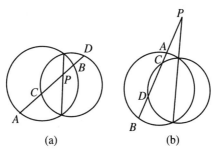

(a)　　　　　　　(b)

图 5.12

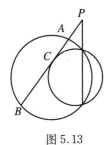

图 5.13

2. 两圆相交,P 是公共弦延长线上的任意一点,过 P 作直线交一圆于 A、B,切另一圆于 C,如图 5.13 所示,那么 $PA \cdot PB = PC^2$.

3. 如果两圆外切,那么内公切线平分外公切线;如果两圆相交,那么公共弦的延长线平分外公切线.

2. 根心

定理 5.4　设平面内有三个圆,那么每两个圆的根轴共三线,交于一点,这点对于三个圆的幂相等.(因为三圆中每两圆的关系有外离、外切、相交、内切、内离五种,所以有很多情况,图 5.14 中只画了三种,其余的请读者自行研究.)这点叫作这三个圆的根心,又叫作等幂心.

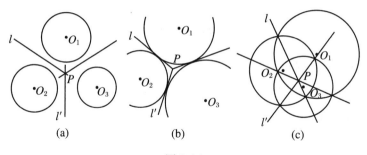

图 5.14

设三个圆的圆心是 O_1、O_2、O_3. 如果 O_1、O_2、O_3 不在一条直线上,设⊙O_1 和⊙O_2 的根轴是直线 l,⊙O_2 和⊙O_3 的根轴是直线 l',那么 l 和 l' 必然相交. 令交点为 P,那么 P 点对于⊙O_1 和⊙O_2 的幂相等,并且 P 点对于⊙O_2 和⊙O_3 的幂相等,所以 P 点对于⊙O_1 和⊙O_3 的幂也相等,因此 P 点必然在⊙O_1 和⊙O_3 的根轴上. 这就证明了三条根轴交于一点.

如果 O_1、O_2、O_3 在一条直线上,那么三条根轴彼此平行,也就是相交于无穷远点.

【例4】 在△ABC 的 BC 边上取 A_1、A_2 两点,在 CA 边上取 B_1、B_2 两点,在 AB 边上取 C_1、C_2 两点,如果 A_1、A_2、B_1、B_2 四点共圆,B_1、B_2、C_1、C_2 四点共圆,C_1、C_2、A_1、A_2 四点也共圆,那么 A_1、A_2、B_1、B_2、C_1、C_2 六点共圆[戴维斯(Davis)定理].

设 A_1、A_2、B_1、B_2 四点在⊙O_3 上,B_1、B_2、C_1、C_2 四点在⊙O_1 上,C_1、C_2、A_1、A_2 四点在⊙O_2 上,那么⊙O_3 和⊙O_1 的根轴是 AC,⊙O_1 和⊙O_2 的根轴是 AB,⊙O_2 和⊙O_3 的根轴是 BC. 如果这三个圆各不相同,那么这三条根轴 AB、BC、CA 应当交于一点,这和已知条件 ABC 是三角形相矛盾. 如果这三个圆中有两个圆相同,那么这六点就已经在一个圆周上了.

练　习

1. 三圆 O_1、O_2、O_3 两两相切（内切或外切）于 A、B、C，如图 5.15 所示，那么它们的根心 P 既是 $\triangle ABC$ 的外心，又是 $\triangle O_1O_2O_3$ 的内心或旁心.

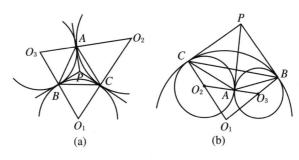

(a) (b)

图 5.15

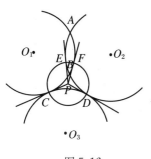

图 5.16

2. 两圆 $\odot O_1$ 和 $\odot O_2$ 相交于 A 和 B，并且分别和 $\odot O_3$ 相切于 C 和 D，如图 5.16 所示.

(1) 求证过 C 和 D 作 $\odot O_3$ 的切线，必与 AB 相交于一点 P；

(2) 过 P 再作 PE 切 $\odot O_2$ 于 E，又作 PF 切 $\odot O_1$ 于 F，那么 C、D、E、F 四点共圆.

3. $\triangle ABC$ 的三条高 AD、BE、CF 相交于垂心 H，那么 A 点是过 B、F、E、C 的圆和过 B、D、H、F 的圆以及过 C、D、H、E 的圆这三个圆的根心；H 点是过 A、B、D、E 的圆和过 A、C、D、F 的圆以及过 B、C、E、F 的圆这三个圆的根心.

【例 5】 已知两圆 O_1、O_2 相离,求作它们的根轴.

要作 $\odot O_1$ 和 $\odot O_2$ 的根轴,只要任意作一个圆 O_3 和这两圆都相交即可.设交点为 A_1、B_1、C_1、D_1,连接 A_1B_1 和 C_1D_1 相交于 P_1,如图 5.17(a)所示,因为 A_1B_1 是 $\odot O_1$ 和 $\odot O_3$ 的根轴,C_1D_1 是 $\odot O_2$ 和 $\odot O_3$ 的根轴,它们的交点 P_1 必定是这三个圆 O_1、O_2、O_3 的根心,所以 P_1 在 $\odot O_1$ 和 $\odot O_2$ 的根轴上.再用同样的方法求得另一点 P_2,那么 P_1P_2 就是 $\odot O_1$ 和 $\odot O_2$ 的根轴.

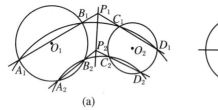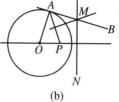

(a)　　　　　　　　(b)

图 5.17

或者在求得 P_1 点后,过 P_1 作 O_1O_2 的垂线也行.

如果两个圆中有一个退化为一点 P,只要作 $\odot O$ 的任一条切线 AB,A 为切点,连接 PA,作 PA 的垂直平分线交 AB 于 M.过 M 作 $MN\perp OP$,如图 5.17(b)所示,则 MN 就是所求的根轴.

以上两种作法请读者自己证明.

练　习

1. 如果两个圆中有一个退化为一点 P,设 P 在 $\odot O$ 的外面,如图 5.18 所示,怎样作出 $\odot O$ 和点圆 P 的根轴?

2. 承上题,设 P 在 $\odot O$ 内,有一个学生是这样作的:任作 $\odot O$ 的一条切线 AB,使 $AB =$ OA.以 O 为圆心、以 OB 为半径作 $\odot O(OB)$.

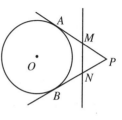

图 5.18

又以 P 为圆心、以 OA 为半径作⊙P,如图 5.19 所示,两圆相交于 M、N,连接 MN,则 MN 就是所求的根轴.这种作法是否一定能作出所求的根轴.为什么?

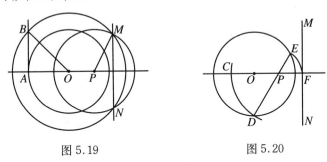

图 5.19   图 5.20

3. 同上题,另一个学生是这样作的:在直线 OP 上取 $OC = OP$,以 P 为圆心、以 PC 为半径作弧,交⊙O 于 D,连接 DP 交⊙O 于 E,以 P 为圆心、以 PE 为半径作弧,交 OP 于 F,如图 5.20 所示.过 F 作 OP 的垂线 MN,则 MN 就是所求的根轴.这种作法是否一定能作出所求的根轴? 为什么?

5.3 同 轴 圆 族

三个圆中每两个圆的根轴,除了交于一点(包括无穷远远点)之外,还有一种可能的情况,就是这三条根轴完全重合.

定理 5.5 如果第一个圆和第二个圆的根轴同时也是第二个圆和第三个圆的根轴,那么它一定也是第一个圆和第三个圆的根轴.

因为如果一条直线上任何一点对于第一个圆的幂等于它对于第二个圆的幂,并且这条直线上任何一点对于第二个圆的幂等于它对于第三个圆的幂,那么这条直线上任何一点对于第一个圆的幂必然等于它对于第三个圆的幂,所以这条直线也是第一个圆和第三个圆的根轴.

如果在若干个圆中,任何两圆的根轴都相同,那么这些圆的集合叫作同轴圆族.

同轴圆族可以由族中的两个圆来确定,也可以由族中的一个圆和这族圆的公共根轴来确定.其实,直线可以看作圆心在无穷远处并且半径为无穷大的圆,所以公共根轴也可以看作同轴圆族中的一个圆.

现在的问题是:当一族同轴圆已经确定之后,怎样作出这族中的一些圆?我们先考虑已知族中一圆和公共根轴的情况.

设$\odot O_1$是族中的一圆,直线l是公共根轴,首先设$\odot O_1$和直线l相离.过O_1作$MN \perp$直线l,交l于L.过L作$\odot O_1$的切线LT_1,T_1是切点.再过L任作线段$LT_2 = LT_1$,又作$T_2O_2 \perp LT_2$,交MN于O_2,如图 5.21 所示.以O_2为圆心、以O_2T_2为半径作圆,就是族中的一圆.

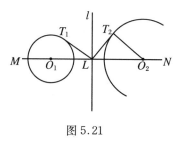

图 5.21

易证直线l上任何一点对于$\odot O_1$的幂等于它对于$\odot O_2$的幂,请读者自行研究.

其次,如果$\odot O_1$和直线l相切于一点,那么族中各圆都要和直线l相切于这点;如果$\odot O_1$和直线l相交于两点,那么族中各圆都要和直线l相交于这两点.所以族中的一些圆很容易作出.

如果已知族中的两圆,那么从 5.2 节中的例 5 可知,它们的根轴很容易作出.作出根轴之后,就可以按照上述方法作出族中的一些圆了.

同轴圆族有下列五种情况：

(1) 如果族中任何一圆都不和公共根轴相交，这时族中任何两圆都不相交，这些圆的连心线 MN 垂直于公共根轴 l. 设 MN 交 l 于 L，那么 L 点到族中任何一圆的切线 LT 等于定长. 在 MN 上截取 $LK = LK' = LT$（图 5.22），很明显，l 上任何一点 P 到族中任何一圆 O 的切线 PA 都要等于 PK. 设 $\odot O$ 交 MN 于 C 和 D，则有

$$PA^2 = PO^2 - OA^2 = PL^2 + OL^2 - OA^2$$
$$= PL^2 + (OL + OA)(OL - OA)$$
$$= PL^2 + (OL + OD)(OL - OC)$$
$$= PL^2 + LD \cdot LC = PL^2 + LT^2$$
$$= PL^2 + LK^2 = PK^2,$$

所以 K 和 K' 两点是族中的两个点圆. 而 K 和 K' 之间的任何一点都不是族中任何圆的圆心. K 和 K' 叫作这种同轴圆族的极限点，这种同轴圆族叫作双曲式同轴圆族.

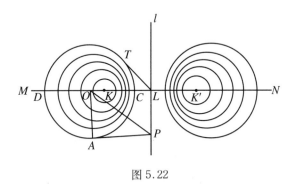

图 5.22

(2) 如果公共根轴和族中的一个圆相切于一点，很明显，族中其他各圆也都和公共根轴相切于这一点. 这种同轴圆族叫作抛物式同轴圆族（图 5.23）.

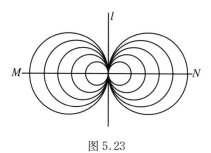

图 5.23

(3) 如果公共根轴和族中的一个圆相交于两点,则族中其他各圆也都经过这两点.这种同轴圆族叫作椭圆式同轴圆族(图 5.24).

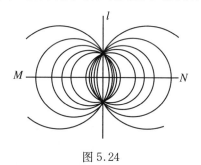

图 5.24

(4) 一组同心圆也是一种同轴圆族,它们的公共根轴是无穷远直线.

(5) 将直线看作圆心在无穷远处、半径为无穷大的圆,那么经过同一点的直线束可以看作一种同轴圆族.因为一组平行线是经过同一个无穷远点的直线束,所以也可看作一种同轴圆族.

【例 6】 已知同轴圆族中的一个圆 O 和公共根轴 l 及一点 A,求作这族中的一个圆使它经过已知点 A.

过 l 上任一点 P 作割线交⊙O 于 B、C,过 A、B、C 三点作圆.连接 PA,与⊙ABC 再相交于 D.作 AD 的垂直平分线,且过 O 点作 l 的垂线,相交于 E,如图 5.25 所示.以 E 为圆心、以 EA 为半径作圆,就得到所求的圆.

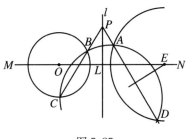

图 5.25

证明请读者自行完成.

从这个作图可知,对于平面内任何一点,都必有这族中的一个圆且仅有一个圆通过.

练　习

1. 上面的作图题,有人是这样作的:在公共根轴 l 上取两点 P 和 P',作割线 PBC 和 $P'BC'$ 交 $\odot O$ 于 B、C 和 C'.过 A、B、C 和 A、B、C' 作两圆,与 PA 和 $P'A$ 分别交于 D 和 D',如图 5.26 所示.过 A、D、D' 三点作圆,就得到所求的圆.该作法对不对? 为什么?

2. 上面的作图题,还有人是这样作的:过 O 点作 $MN \perp l$,在 MN 上作出两个极限点 K 和 K'.过 K、K'、A 三点作圆 P,过 A 作 $AB \perp PA$ 交 MN 于 B,如图 5.27 所示.以 B 为圆心、以 AB 为半径作圆,就得到所求的圆.该作法对不对? 为什么?

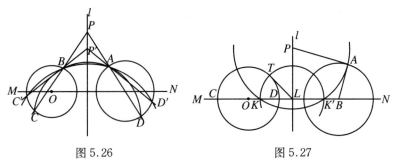

图 5.26　　　　　　　　　　　图 5.27

3. 在一族同轴圆中任取两圆,那么它和不属于这族的一个定圆的根心是同一个点.换句话说:一族同轴圆和族外的一圆有唯一的根心.

5.4　共轭同轴圆族

1. 两圆的交角、正交圆

如果两圆相交,过交点分别作两圆的切线,这两条切线所成的角叫作这两圆的交角.如图 5.28 所示,PA_1 和 PA_2 分别切 $\odot O_1$ 和 $\odot O_2$ 于 P,$\angle A_1PA_2$ 就叫作这两圆的交角.特例:如果 $\angle A_1PA_2 = 90°$,那么这两圆称为正交(或直交).

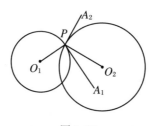

图 5.28

在图 5.28 中,容易看出,半径 O_1P 和 O_2P 所成的角 $\angle O_1PO_2$ 等于 $\angle A_1PA_2$,所以我们也将过交点的两条半径所成的角叫作两圆的交角.

不难证明:$\odot O_1(r_1)$ 和 $\odot O_2(r_2)$ 互相正交的充分必要条件是 $r_1^2 + r_2^2 = O_1O_2^2$;或者说,过交点所作任何一圆的切线通过另一圆的圆心.**如果互相正交的两圆中有一圆是点圆,那么这点在另一圆周上;如果有一圆是直线(半径为无穷大的圆),那么它通过另一圆的圆心.**

定理 5.6　如果一个动圆和两个定圆都正交,那么动圆圆心的轨迹是两个定圆的根轴,但以在两定圆外的一部分为限.

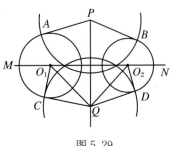

图 5.29

设 $\odot O_1$ 和 $\odot O_2$ 的根轴为 l,那么 l 上的任何一点 P(以在两圆外的部分为限)到两圆的切线 PA 和 PB 相等.以 P 为圆心、以 PA 或 PB 为半径作圆,必定和 $\odot O_1$ 及 $\odot O_2$ 都正交(图 5.29),这就证明了纯粹性.其次,设 $\odot Q$ 和 $\odot O_1$、$\odot O_2$ 都正交,交点分别为 C 和 D,连接 QO_1、QO_2、QC、QD、O_1C、O_2D,那么 $QO_1^2 - O_1C^2 = QC^2$,$QO_2^2 - O_2D^2 = QD^2$,但 $QC = QD$,所以 Q 对于 $\odot O_1$ 和 $\odot O_2$ 的幂相等,这就证明了完备性.

【例 7】 AD、BE、CF 是 $\triangle ABC$ 的三条高,相交于 H,那么以 BC 为直径的圆和以 AH 为直径的圆互相正交(图 5.30).

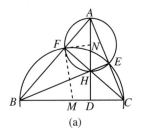

(a)

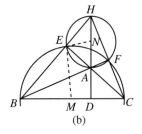

(b)

图 5.30

设 BC 的中点为 M,AH 的中点为 N,连接 MF、NF.要证明以 BC 为直径的圆和以 AH 为直径的圆互相正交,只需证明 $MF \perp NF$ 就可以了.因为 $\angle MFB = \angle MBF$,$\angle NFA = \angle NAF$,而 $\angle MBF + \angle NAF = 90°$,所以 $\angle MFB + \angle NFA$ 也等于 $90°$,这就是说 $\angle MFN = 90°$,至此问题就不难解决了.

练 习

1. $\triangle ABC$ 是等腰直角三角形，P 是斜边 BC 上的任一点，$PD \perp AB$，$PE \perp AC$，AM 是斜边上的中线，如图 5.31 所示，那么以 MD 和 ME 为直径的两圆互相正交.

2. 以 $\triangle ABC$ 的两边 AB、AC 为一边在 $\triangle ABC$ 外各作正方形 $ABDE$ 和 $ACFG$，设这两个正方形的中心为 P 和 Q，BC 的中点为 M，如图 5.32 所示，那么以 MP、MQ 为直径的两圆互相正交.

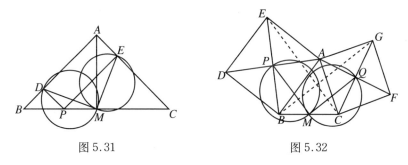

图 5.31　　　　　　　　　图 5.32

3. AB 是半圆的直径，弦 AC、BD 相交于 E，那么 $\odot CED$ 和半圆正交.

【例8】 过两个已知圆 $\odot O_1$ 和 $\odot O_2$ 外一点 A，求作一圆和两个已知圆都正交.

因为三个圆的根心到这三个圆的切线的长相等，所以将 A 点看作点圆，求出它和 $\odot O_1$ 及 $\odot O_2$ 的根心 P，以 P 为圆心、以 PA 为半径作圆，就是所求的圆（图 5.33）.

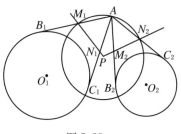

图 5.33

P 点的求法如下:过 A 作 $\odot O_1$ 的切线 AB_1、AC_1,B_1、C_1 是切点,又过 A 作 $\odot O_2$ 的切线 AB_2、AC_2,B_2、C_2 是切点.取这四条切线的中点 M_1、N_1、M_2、N_2,连接 M_1N_1、M_2N_2,如图 5.33 所示,那么 M_1N_1 和 M_2N_2 的交点就是根心 P.

练　习

1. 已知 $\odot O$ 及圆外一点 P,如图 5.34 所示,求以 P 为圆心作一圆和 $\odot O$ 正交.

2. 已知 $\odot O$ 及圆周上两点 A、B,如图 5.35 所示,求过 A、B 两点作一圆和 $\odot O$ 正交.

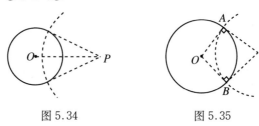

图 5.34　　　　　　　图 5.35

2. 共轭同轴圆族

由 5.3 节中的定理 5.6 和例 8 可知,和两个定圆都正交的圆有无穷之多,现在要研究这些圆的性质.

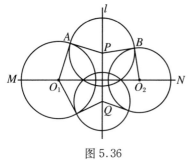

图 5.36

设 $\odot O_1$ 和 $\odot O_2$ 是两个定圆,MN 是连心线,$\odot P$ 和这两个定圆都正交,A 和 B 是交点,如图 5.36 所示,那么 $O_1A \perp PA$,$O_2B \perp PB$,O_1 点和 O_2 点对于 $\odot P$ 的幂就等于各自的半径的平方.因此,O_1 点

对于一切正交于$\odot O_1$及$\odot O_2$的圆的幂都相等，O_2点也有同样的性质.所以连心线MN是这些圆的等幂轴，这些圆就构成一族同轴圆族，并且这族圆中的任何一圆，例如$\odot P$，既然和$\odot O_1$、$\odot O_2$都正交，一定也和$\odot O_1$和$\odot O_2$所确定的那族同轴圆中的每个圆都正交.因为从直线l上任一点Q向$\odot O_1$、$\odot O_2$所确定的那族圆作切线，这些切线的长都相等，以Q为圆心、以这些切线的长为半径作圆，一定和$\odot O_1$、$\odot O_2$所确定的那族圆中的每个圆都正交.这样就证明了下列定理：

定理5.7　和两个定圆都正交的圆构成一族同轴圆族，这族圆中的每个圆和这两个定圆所确定的同轴圆族中的每个圆都互相正交.

这两族圆叫作**共轭同轴圆族**，或简称**共轭圆族**.

共轭圆族有下列四种情况：

（1）双曲式同轴圆族和椭圆式同轴圆族互为共轭圆族，如图5.37(a)所示.

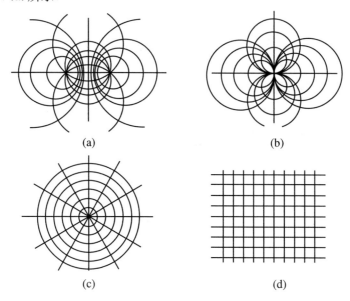

(a)

(b)

(c)

(d)

图 5.37

（2）抛物式同轴圆族和抛物式同轴圆族互为共轭圆族，如图 5.37(b)所示．

（3）一族同心圆和过它们的公共圆心的一族直线也可以看作共轭圆族，如图 5.37(c)所示．

（4）一族平行线和另一族垂直于它们的平行线也可以看作共轭圆族，如图 5.37(d)所示．

由于平面内任何一点必有同轴圆族中的一圆且仅有一圆经过，并且这一点也必有共轭圆族中的一圆且仅有一圆经过，因此两族互为共轭的同轴圆族可以作为平面内的坐标系．事实上，直角坐标就是上述的第四种共轭圆族，而极坐标就是上述的第三种共轭圆族．

【例 9】　如果一个圆不属于两个共轭同轴圆族，那么在每一族同轴圆中只有一个圆和它正交．

如图 5.38 所示，设 O_1、O_2 是双曲式同轴圆族中的两个圆，MN 是它们的连心线，K 和 K' 是极限点，l 是公共根轴，那么这一族同轴圆的共轭圆族是椭圆式的，并且每个圆都要经过 K、K' 两点．设 $\odot O$ 是不属于这两个共轭圆族的任一个圆，并设 $\odot O$ 与双曲式同轴圆族中的一个圆（例如 $\odot O_2$）相交于 A 和 B．连接 AB，交 l 于 P，那么 P 是 $\odot O_1$、$\odot O_2$ 所确定的同轴圆族与 $\odot O$ 的根心，因此 P 是唯一的点．以 P 为圆心、以 PK 为半径作圆，这圆必定和 $\odot O$ 正交．

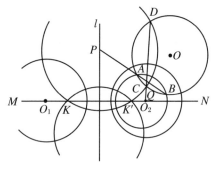

图 5.38

其次,设⊙O 和上述椭圆式同轴圆族中的某一个圆(例如⊙P)相交于 C 和 D,连接 CD,交 MN 于 Q.以 Q 为圆心、以 Q 到⊙O 的切线长为半径作圆,这圆必定和⊙O 正交,并且 Q 是⊙O 和椭圆式同轴圆族的根心,所以也是唯一的.

如果两个共轭同轴圆族都是抛物式的,也可以用类似的方法证明,请读者自行研究.

练　习

1. ⊙O 和⊙O_1、⊙O_2 都正交,如果⊙O_1、⊙O_2 是双曲式同轴圆族中的两个圆,那么 O 点到这两圆切线的长大于 O 点到连心线 O_1O_2 的距离[图 5.39(a)];如果⊙O_1、⊙O_2 是椭圆式同轴圆族中的两个圆,那么 O 点到这两圆切线的长小于 O 点到连心线 O_1O_2 的距离[图 5.39(b)];如果⊙O_1、⊙O_2 是抛物式同轴圆族的两个圆,那么 O 点到这两圆切线的长等于 O 点到连心线 O_1O_2 的距离[图 5.39(c)].

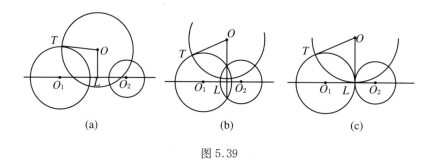

图 5.39

2. 如图 5.40 所示,⊙O_1、⊙O_2 都和⊙O_3、⊙O_4 正交,那么

$\odot O_1$、$\odot O_2$ 的连心线是 $\odot O_3$、$\odot O_4$ 的根轴；反之，$\odot O_3$、$\odot O_4$ 的连心线也是 $\odot O_1$、$\odot O_2$ 的根轴. 或者说：这四个圆分属于两个共轭的同轴圆族.

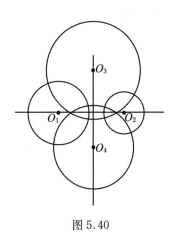

图 5.40

5.5　圆 的 位 似

设已知一圆 O 及同平面内一点 S，在圆周上任取一点 P，连接 SP 并延长（或反向延长）至 P'，使 $\dfrac{SP'}{SP}$ 等于已知比 $\dfrac{m}{n}$，如图 5.41(a)所示，那么 P' 的轨迹是一个圆，这圆的半径与 $\odot O$ 的半径之比等于 $\dfrac{m}{n}$.

连接 SO 延长（或反向延长）至 O'，使 $\dfrac{SO'}{SO} = \dfrac{m}{n}$，连接 OP、$O'P'$，如图 5.41(b)所示，那么 $\triangle SOP \backsim SO'P'$，$\dfrac{O'P'}{OP} = \dfrac{SO'}{SO} = \dfrac{m}{n}$，所以 $O'P'$

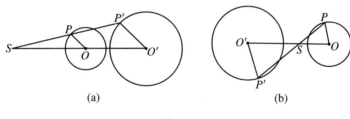

图 5.41

$=\dfrac{m}{n} \cdot OP$. 但 OP 和 m、n 都是定值，O' 是定点，所以 P' 点的轨迹是以

O' 为圆心、以 $\dfrac{m}{n} \cdot OP$ 为半径的圆. 这就证明了下面的定理：

定理 5.8 圆的位似形是圆，位似心在连心线上，并且两圆的位似比的绝对值等于它们的半径的比.

圆的位似和直线形的位似有些不同，分述如下：

1. 圆的两种位似

定理 5.9 任意两个圆都是位似形，并且既可以看作顺位似形，又可以看作逆位似形.

在 $\odot O_1$ 和 $\odot O_2$ 中，任作两条互相平行的半径，$O_1 A_1 \parallel O_2 A_2$，设它们的平行方向相同，连接 $O_1 O_2$、$A_1 A_2$，设相交于 S_1（图 5.42），容易看出

$$S_1 A_1 : S_1 A_2 = O_1 A_1 : O_2 A_2.$$

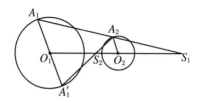

图 5.42

因 $O_1A_1 : O_2A_2$ 是一个定值,这就证明了 $\odot O_1$ 和 $\odot O_2$ 是顺位似形,S_1 是顺位似心.如果 $A_1A_2 /\!/ O_1O_2$,那么顺位似心 S_1 成为无穷远点,这时两个圆相等,仍旧可以看作顺位似形.

如果所作的两半径平行方向相反,例如 $O_1A_1' /\!/ O_2A_2$,这时 $A_1'A_2$ 和 O_1O_2 相交于 S_2,同样可以证明这两个圆是逆位似形,S_2 是逆位似心.

设两个圆的半径分别为 r_1、r_2($r_1 > r_2$),$O_1O_2 = d$,那么容易算出

$$S_1O_1 = \frac{dr_1}{r_1 - r_2},$$

$$S_1O_2 = \frac{dr_2}{r_1 - r_2},$$

$$S_2O_1 = \frac{dr_1}{r_1 + r_2},$$

$$S_2O_2 = \frac{dr_2}{r_1 + r_2}.$$

推论 如果两圆同心,那么它们的公共圆心既是顺位似心又是逆位似心.

在图 5.43 中,如果将 O 看作顺位似心,那么 A_1 和 A_2、B_1 和 B_2 是对应点,实线画的半圆对应于虚线画的半圆.如果将 O 点看作逆位似心,那么 A_1 和 A_2'、B_1 和 B_2' 是对应点,实线画的半圆对应于实线画的半圆,虚线画的半圆对应于虚线画的半圆.

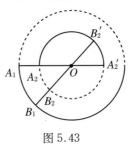

图 5.43

注意,上面的这个证明中同时也指出了求两个圆的位似心的方法.

【**例 10**】 试求△ABC 的九点圆(见 4.6 节中的例 10)和外接圆的位似心和位似比.

设△ABC 的三条高为 AD、BE、CF,相交于垂心 H,又设 BC、CA、AB 和 AH 的中点分别为 L、M、N 和 P,并设△ABC 的外心为 O、重心为 G,那么 AOLP 是平行四边形(图 5.44).因为 L、M、N、P 都在九点圆上,并且∠PDL = 90°,所以 PL 是九点圆的直径.又九点圆的圆心 K 在欧拉线 OH 的中点上(见 4.1 节中的例 3),KP∥OA,并且平行方向相同,所以 AP 和 OK 的交点 H 就是这两个圆的顺位似心.而 $\overline{KP} : \overline{OA} = \dfrac{1}{2}$,所以位似比为 $\dfrac{1}{2}$.同时,KL∥OA,并且平行方向相反,所以 AL 和 OK 的交点 G 就是这两个圆的逆位似心.而 $\overline{KL} : \overline{OA} = -\dfrac{1}{2}$,所以位似比为 $-\dfrac{1}{2}$.

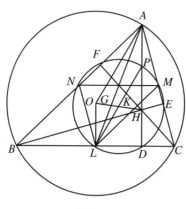

图 5.44

练　习

1. $\triangle ABC$ 的三边 BC、CA、AB 的长分别是 a、b、c，$\odot I$、$\odot J$ 是 $\triangle ABC$ 的内切圆和 BC 边外的旁切圆，如图 5.45 所示，求它们的位似心和位似比（位似比用三边之长 a、b、c 表示）.

2. 已知条件同上题，如图 5.46 所示，求 $\triangle ABC$ 中 AB 边外和 AC 边外的两个旁切圆 $\odot J_3$、$\odot J_2$ 的位似心和位似比.

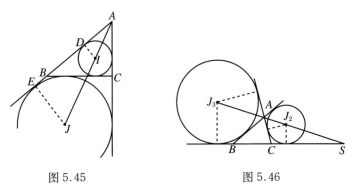

图 5.45　　　　　　　　　　图 5.46

3. 如果两圆外切，那么切点是它们的逆位似心；如果两圆内切，那么切点是它们的顺位似心.

2. 位似圆的性质

定理 5.10　如果三个圆的圆心不在一条直线上，那么每两个圆的顺位似心和逆位似心共六点在四条直线上，每条直线上有三点.

设三个圆 O_1、O_2、O_3 的半径分别是 r_1、r_2、r_3，那么在 $\triangle O_1 O_2 O_3$ 中（图 5.47），S_1、S_2、S_3 分别在三条边（包括延长线）$O_2 O_3$、$O_3 O_1$、$O_1 O_2$ 上，并且

$$\frac{\overline{O_1 S_3}}{\overline{S_3 O_2}} = \frac{-r_1}{r_2},$$

$$\frac{\overline{O_2 S_1}}{S_1 O_3} = \frac{-r_2}{r_3},$$

$$\frac{\overline{O_3 S_2}}{S_2 O_1} = \frac{-r_3}{r_1}.$$

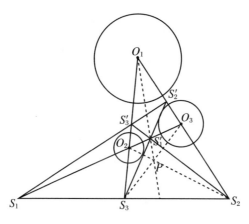

图 5.47

三式相乘,得

$$\frac{\overline{O_1 S_3}}{S_3 O_2} \cdot \frac{\overline{O_2 S_1}}{S_1 O_3} \cdot \frac{\overline{O_3 S_2}}{S_2 O_1} = -1.$$

由梅涅劳斯定理可知,三个顺位似心 S_1、S_2、S_3 在一条直线上.

用类似的方法可以证明,每一个顺位似心和两个逆位似心在同一直线上,请读者自行补足.

每三个位似心所在的一条直线,共四条直线,都叫作这三个圆的位似轴.

如果 $r_2 = r_3$,那么 S_1 就成为无穷远点;如果 $r_1 = r_2 = r_3$,那么位似轴 $S_1 S_2 S_3$ 就成为无穷远直线,本定理仍然成立.

【例 11】 在图 5.47 中,证明 $O_1 S_1'$、$O_2 S_2$、$O_3 S_3$ 三线共点.

在 $\triangle O_1 O_2 O_3$ 中，S_1'、S_2'、S_3' 分别在三条边 $O_2 O_3$、$O_3 O_1$、$O_1 O_2$（包括延长线）上，并且

$$\frac{\overline{O_2 S_1'}}{\overline{S_1' O_3}} = \frac{r_2}{r_3},$$

$$\frac{\overline{O_3 S_2}}{\overline{S_2 O_1}} = \frac{-r_3}{r_1},$$

$$\frac{\overline{O_1 S_3}}{\overline{S_3 O_2}} = \frac{-r_1}{r_2}.$$

三式相乘，得

$$\frac{\overline{O_2 S_1'}}{\overline{S_1' O_3}} \cdot \frac{\overline{O_3 S_2}}{\overline{S_2 O_1}} \cdot \frac{\overline{O_1 S_3}}{\overline{S_3 O_2}} = 1.$$

由塞瓦定理可知，三条直线 $O_1 S_1'$、$O_2 S_2$、$O_3 S_3$ 共点.

练　习

1. 在图 5.47 中，证明下列每一组的三点共线：

(1) S_1、S_2'、S_3'；

(2) S_2、S_3'、S_1'；

(3) S_3、S_1'、S_2'.

2. 在图 5.47 中，证明下列每一组的三线共点：

(1) $O_1 S_1'$、$O_2 S_2'$、$O_3 S_3'$；

(2) $O_1 S_1$、$O_2 S_2'$、$O_3 S_3$；

(3) $O_1 S_1$、$O_2 S_2$、$O_3 S_3'$.

3. 应位点和反位点

从两个圆的任何一个位似心作一条割线交两圆于四点，将各交点和圆心连接起来，得到四条半径. 这时，两条平行半径的端点叫作**应位点**，两条不平行半径的端点叫作**反位点**. 在图 5.48 中，S 和 S' 分

别是 $\odot O$ 和 $\odot O'$ 的顺位似心和逆位似心,过 S 或 S' 的割线交一圆于 A、B,交另一圆于 A'、B'.如果 $OA \parallel O'A'$,$OB \parallel O'B'$,那么 A 和 A'、B 和 B' 是应位点,而 A 和 B'、A' 和 B 就是反位点.反位点有下列重要性质:

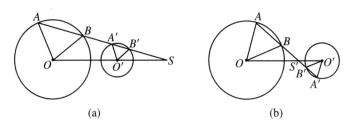

(a)　　　　　　　　　(b)

图 5.48

定理 5.11　从两圆的位似心到一对反位点的两条线段的积是一个常数.

设两圆的连心线分别交两圆于 C、D、C'、D',过位似心的割线分别交两圆于 A、B、A'、B'(图 5.49),连接 AC、BD、$A'C'$、$B'D'$,因为 A 和 A',C 和 C' 是应位点,所以 $AC \parallel A'C'$,$\angle ACD = \angle A'C'D'$.但 $\angle ACD = \angle DBA'$,所以 $\angle A'C'D' = \angle DBA'$,因此 A'、C'、D、B 四点共圆,从而 $SA' \cdot SB = SC' \cdot SD$(或 $S'A' \cdot S'B = S'C' \cdot S'D$).

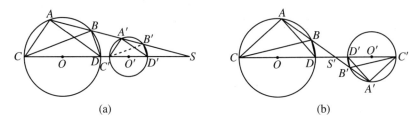

(a)　　　　　　　　　(b)

图 5.49

同理,连接 AD、BC、$A'D'$、$B'C'$,也可以证明 $BC \parallel B'C'$,$\angle BCD = \angle B'C'D'$.但 $\angle BAD = \angle BCD$,所以 $\angle BAD = \angle B'C'D'$,

因此 A、D、C'、B'四点共圆,从而 $SA \cdot SB' = SC' \cdot SD$(或 $S'A \cdot S'B' = S'C' \cdot S'D$).

这样,我们就证明了 $SA \cdot SB' = SA' \cdot SB = SC' \cdot SD$(或 $S'A \cdot S'B' = S'A' \cdot S'B = S'C' \cdot S'D$). 而 $SC' \cdot SD$(或 $S'C' \cdot S'D$)显然是一个定值.这个定值也可以是 $SC \cdot SD'$(或 $S'C \cdot S'D'$).

【例 12】 过两个圆的一双反位点分别作各圆的切线,那么这两条切线和连接这双反位点的直线成等角.

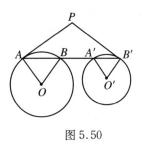

图 5.50

设一条割线顺次交⊙O 和⊙O'于 A、B、A'、B',且 A 和 B'、B 和 A'为反位点,过 A 和 B'的切线交于 P(图 5.50).因为 OA // $O'A'$,所以 $\angle OAB = \angle O'A'B'$. 但 $\angle O'B'A' = \angle O'A'B'$,所以 $\angle OAB = \angle O'B'A'$,因此它们的余角也相等,即 $\angle PAB = \angle PB'A'$.

练　习

1. 过两个圆的一双反位点分别作两圆的切线,必相交于两圆的根轴上.

2. 过两个圆的根轴上任意一点分别作两圆的四条切线,那么连接任两切点的直线必定通过两圆的一个位似心.

5.6　圆 的 相 似

在平面内的两个同向相似的图形,一定可以将其中一个绕着一点 Q 旋转一个角度 θ,使它和另一个图形位似,Q 叫作相似中心,θ 叫作相似角.在平面内的两个反向相似的图形,一定可以将其中一个

以一条直线 l 为轴翻转180°,使它和另一个图形位似,l 叫作**相似轴**. 对于两个圆来讲,既可以看作同向相似,也可以看作反向相似,不过这里只着重研究前一种情况.

为了研究圆的相似,需要先介绍下列定理:

定理 5.12 一个动点 P 到两个定点 A、B 的距离的比等于定值 $m:n$,那么这个动点的轨迹是一个圆,这个圆以内、外分线段 AB 于定比 $m:n$ 的两点为一条直径的两端.

先设 $m \neq n$,并设 C、D 两点内、外分 AB 于定比 $m:n$,即 $CA:CB = DA:DB = m:n$. 如果 P 点符合条件,连接 PA、PB、PC、PD(图 5.51),那么 $PA:PB = CA:CB = DA:DB = m:n$,所以 PC 是 $\angle APB$ 的平分线,

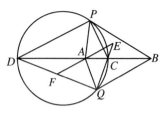

图 5.51

PD 是 $\angle APB$ 的邻补角的平分线,因而 $PC \perp PD$. 这就是说符合条件的点在以 CD 为直径的圆周上.

其次,设 Q 是以 CD 为直径的圆周上任一点,连接 QA、QB、QC、QD,过 A 作直线平行于 QB,交 QC 和 QD 于 E、F(图 5.51).那么 $\triangle CAE \backsim \triangle CBQ$,$CA:CB = AE:QB = m:n$. 因为 $\triangle DAF \backsim \triangle DBQ$,$DA:DB = AF:QB = m:n$,所以 $AE:QB = AF:QB$. 因此 $AE = AF$,这就是说 QA 是直角 $\triangle EQF$ 的斜边上的中线,因此 AE 和 AF 都等于 QA,所以 $QA:QB = m:n$,这就证明了这个圆周上的点都符合条件.

如果 $m = n$,那么所求轨迹变成线段 AB 的垂直平分线,也就是圆心在无穷远处、半径为无穷大的圆.

这个圆叫作两个定点 A、B 关于定比 $m:n$ 的阿波罗尼斯

（Apollonius）圆（或阿氏圆）.

设⊙O和⊙O'的半径分别为r和r'，如果P点是它们的一个相

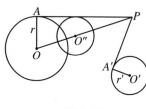

图 5.52

似中心，那么将⊙O'绕着P点旋转，一定可以找到一个和⊙O'相等的⊙O''使得⊙O'转到⊙O''的位置时，它和⊙O的位似中心正好是P.过P作PA和PA'分别切⊙O和⊙O'于A和A'（图 5.52），显而易见，$\angle APO = \angle A'PO'$，所以$\triangle APO$ ∽ $A'PO'$，因此$PO : PO' = OA : O'A' = r : r'$.这就是说$P$点在两个定点$O$、$O'$关于定比$r : r'$的阿波罗尼斯圆上.显然，这个圆上的任何一点都是这两个圆的相似中心.

将两圆的连心线内分并外分使之等于两圆半径的比，那么以内、外分点为直径两端的圆叫作这两圆的相似圆.

事实上，上面所说的内分点和外分点就是这两圆的逆位似心和顺位似心.

【例 13】　两圆的相似圆是这两圆的同轴圆.

设⊙$O(r)$是⊙$O_1(r_1)$和⊙$O_2(r_2)$的相似圆，⊙O_1和⊙O_2的顺位似心和逆位似心分别是S_1和S_2，它们的根轴l交连心线于M（图 5.53）.要证明⊙$O(r)$和⊙O_1、⊙O_2同轴，在l上任取一点P，作PT_1和PT分别切⊙O_1和⊙O于T_1和T，只需证明$PT_1 = PT$就可以了.容易看出，这只需证明$PT_1^2 = PT^2$或$PO_1^2 - r_1^2 = PO^2 - r^2$，也就是$PM^2 + MO_1^2 - r_1^2 = PM^2 + MO^2 - r^2$或$MO_1^2 - r_1^2 = MO^2 - r^2$.但$MO^2 - r^2 = (MO + r)(MO - r) = MS_1 \cdot MS_2$，由 5.2 节可知

$$MO_1^2 - r_1^2 = \left(\frac{O_1O_2^2 + r_1^2 - r_2^2}{2O_1O_2} \right)^2 - r_1^2$$

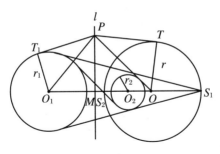

图 5.53

$$= \frac{O_1O_2^4 + r_1^4 + r_2^4 + 2r_1^2O_1O_2^2 - 2r_2^2O_1O_2^2 - 2r_1^2r_2^2}{4O_1O_2^2} - r_1^2$$

$$= \frac{O_1O_2^4 + r_1^4 + r_2^4 - 2r_1^2O_1O_2^2 - 2r_2^2O_1O_2^2 - 2r_1^2r_2^2}{4O_1O_2^2}.$$

右端的分子显然等于

$$(O_1O_2 + r_1 + r_2)(O_1O_2 + r_1 - r_2)(O_1O_2 - r_1 + r_2) \cdot$$

$$(O_1O_2 - r_1 - r_2).$$

同时,因为 $MS_1 = S_1O_1 - MO_1$, $MS_2 = S_2O_1 - MO_1$,所以

$$MS_1 = \frac{O_1O_2r_1}{r_1 - r_2} - \frac{O_1O_2^2 + r_1^2 - r_2^2}{2O_1O_2}$$

$$= \frac{2O_1O_2^2r_1 - O_1O_2^2(r_1 - r_2) - (r_1 - r_2)(r_1^2 - r_2^2)}{2O_1O_2(r_1 - r_2)}$$

$$= \frac{O_1O_2^2(r_1 + r_2) - (r_1 + r_2)(r_1 - r_2)^2}{2O_1O_2(r_1 - r_2)}$$

$$= \frac{(r_1 + r_2)[O_1O_2^2 - (r_1 - r_2)^2]}{2O_1O_2(r_1 - r_2)},$$

$$MS_2 = \frac{O_1O_2r_1}{r_1 + r_2} - \frac{O_1O_2^2 + r_1^2 - r_2^2}{2O_1O_2}$$

$$= \frac{2O_1O_2^2r_1 - O_1O_2^2(r_1 + r_2) - (r_1 + r_2)(r_1^2 - r_2^2)}{2O_1O_2(r_1 + r_2)}$$

$$= \frac{O_1O_2^2(r_1 - r_2) - (r_1 - r_2)(r_1 + r_2)^2}{2O_1O_2(r_1 + r_2)}$$

$$= \frac{(r_1 - r_2)[O_1O_2^2 - (r_1 + r_2)^2]}{2O_1O_2(r_1 + r_2)}.$$

因此

$$MS_1 \cdot MS_2 = \frac{[O_1O_2^2 - (r_1 - r_2)^2][O_1O_2^2 - (r_1 + r_2)^2]}{4O_1O_2^2},$$

这就证明了 $MO_1^2 - r_1^2 = MS_1 \cdot MS_2$.

也就是说,M 点关于 $\odot O_1$ 的幂等于 M 点关于 $\odot O$ 的幂,问题就解决了.

练　习

1. 在图 5.53 中,设 O_1O_2 的中点为 D,那么 D 点到 $\odot O$ 的切线的长等于 $\frac{1}{2}O_1O_2$.

2. 在图 5.53 中,以 O_1O_2 为直径的圆,必与 $\odot O$ 正交.

3. 在图 5.53 中,以 O_1O_2 为直径作圆,求证这个圆周上的任一点 Q 到 S_1 和 S_2 的距离的比 $\frac{QS_1}{QS_2}$ 是一个定值.

5.7　膨　胀　原　理*

在几何学中,常有这样的情况,就是将一个命题中的某些点换成

---

* 膨胀原理为北师大教授汤璪真先生之创见. 编者未能觅得汤先生的有关著述,兹篇所列,皆臆说也.

圆,将这些点中某两点的连线换成两圆的公切线,将两点的距离换成两圆的公切线(或连心线)的长,将另一点和这些点的连线换成另一点到这些圆的切线,将另一点到这些点的距离换成另一点关于这些圆的幂,经过这样的更换后所得命题仍然成立,这就叫作膨胀原理,也就是说点经过膨胀而变成圆.举例如下:

(1)一个动点到两个定点的距离相等,那么这个动点的轨迹是一条直线,就是这两个定点连线的垂直平分线.

在上面的这个命题中,使两个定点膨胀成为圆,就得到下列命题:

一个动点到两个圆的幂相等,那么这个动点的轨迹是一条直线,也就是这两个圆的根轴.

(2)在三角形中,三条边的垂直平分线交于一点,这点就是三角形的外心.

在这个命题中,使三角形的一个顶点膨胀成圆,就得到下列命题:

已知⊙A 和圆外两点 B、C,过 B 和 C 分别作⊙A 的切线 BD、BD'、CE、CE',D、D'、E、E' 为切点,设四条切线的中点分别为 F、F'、G、G',那么 FF' 和 GG' 的交点在 BC 的垂直平分线上(图 5.54).

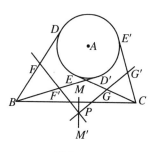

图 5.54

(3)在(2)这个命题中,使三角形的两个顶点膨胀成圆,就得到下列命题:

已知⊙B、⊙C 及其外一点 A,过 A 作切线 AD、AD'、AE、AE' 分别切两圆于 D、D'、E、E',设四条切线的中点为 F、F'、G、G',又设⊙B、⊙C 的两条外公切线的中点为 M、M',那么 FF' 和 GG' 的交

点在 MM' 上(图 5.55).

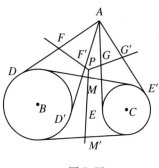

图 5.55

(4) 在(2)这个命题中,再使三角形的三个顶点都膨胀成圆,就得到下列命题:

在三个圆中,每两个圆有一条根轴,这三条根轴交于一点,这点就是这三个圆的根心(图 5.14).

(5) 将三角形的各边内分及外分使分成的两段的比等于两邻边的比(或者说:三角形的三个角的内、外角平分线分别和对边相交,共六个交点),这样所得的六个分点分别在四条直线上,每条直线上有两个内分点和一个外分点或三个外分点(图 5.56).

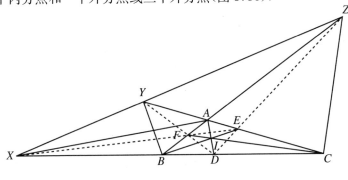

图 5.56

　　在上面这个命题中,使三角形的三个顶点膨胀成三个圆,就得到定理5.9(图5.47).

　　(6)一个动点到两个定点的距离的平方和等于定值,那么这个动点的轨迹是一个圆.

　　在上面这个命题中,使两个定点膨胀成两个圆,就得到下列命题:

　　一个动点到两个圆的幂的和等于定值,那么这个动点的轨迹是一个圆.

　　(7)一个动点到两个定点的比等于定值,那么这个动点的轨迹是一个圆.

　　在上面这个命题中,使两个定点膨胀成圆,就得到下列命题:

　　一个动点到两个圆的幂的比等于定值,那么这个动点的轨迹是一个圆.

　　这一类命题虽然不算很少,但缺乏普遍的证明,因此对膨胀后所得的命题仍须加以验证.

　　【例14】　在△ABC中,MN是边BC的垂直平分线,$AQ \perp MN$,Q是垂足[图5.57(a)],那么$AB^2 - AC^2 = 2BC \cdot AQ$.试研究当$B$、$C$两点膨胀成圆的情况.

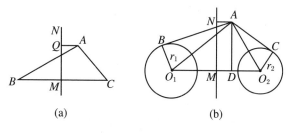

(a)　　　　　　　　(b)

图5.57

　　设B、C两点分别膨胀成⊙$O_1(r_1)$和⊙$O_2(r_2)$,这时BC的垂

直平分线就应当换成 $\odot O_1$ 和 $\odot O_2$ 的根轴 MN，AB 和 BC 应当换成 A 点到 $\odot O_1$ 和 $\odot O_2$ 的切线 AB 和 AC，作 $AD \perp O_1O_2$ [图 5.57(b)]，则有

$$
\begin{aligned}
AB^2 - AC^2 &= AO_1^2 - r_1^2 - (AO_2^2 - r_2^2) \\
&= AO_1^2 - AO_2^2 - r_1^2 + r_2^2 \\
&= DO_1^2 - DO_2^2 - r_1^2 + r_2^2 \\
&= DO_1^2 - (O_1O_2 - DO_1)^2 - r_1^2 + r_2^2 \\
&= 2O_1O_2 \cdot DO_1 - O_1O_2^2 - r_1^2 + r_2^2.
\end{aligned}
$$

但由 5.2 节中的定理 5.3 可知

$$
MO_1 = \frac{O_1O_2^2 + r_1^2 - r_2^2}{2O_1O_2},
$$

所以

$$
\begin{aligned}
AB^2 - AC^2 &= 2O_1O_2 \cdot DO_1 - 2O_1O_2 \cdot MO_1 \\
&= 2O_1O_2(DO_1 - MO_1) \\
&= 2O_1O_2 \cdot DM.
\end{aligned}
$$

因此

$$
AB^2 - AC^2 = 2O_1O_2 \cdot AN.
$$

这就是说：一点关于两圆的幂的差，等于连心线与由此点至根轴的距离之积的 2 倍．这就是著名的开世(Casey)定理．

练　习

1. 在图 5.57(a) 中，试研究 A 点膨胀成圆的情况．

2. 同上题，试研究 B 点膨胀成圆的情况．

1. 两圆同心(图5.58),那么外圆周上任一点 P 对于内圆的幂是一个常数,内圆周上任一点 Q 对于外圆的幂也是一个常数,这两个常数的绝对值相等而符号相反.

2. 从半圆周上任一点 C 向半圆的直径 AB 作垂线 CD,D 是垂足,在 DB 上截取 $DE = AD$,如图 5.59 所示,那么 $\odot BEC$ 切 CD 于 C.

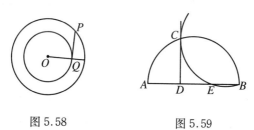

图 5.58   图 5.59

3. 在△ABC 中,∠BAC 的平分线(或外角平分线)交对边 BC(或延长线)于 D,交外接圆于 E,如图 5.60 所示,那么 $AB \cdot AC = AD \cdot AE$.

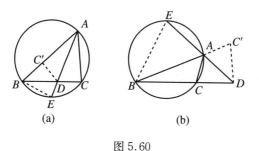

(a)   (b)

图 5.60

4. 已知条件同上题,在图 5.60(a)中,求证 $AD^2 = AB \cdot AC -$

$BD \cdot DC$；在图 5.60(b)中，求证 $AD^2 = BD \cdot CD - AB \cdot AC$．

5．切线 PA、PB 切圆于 A、B，割线 PCD 交圆于 C、D，如图 5.61 所示，那么 $AC \cdot BD = AD \cdot BC$．

6．$ABCD$ 为平行四边形，过 D 点任作直线交 AC 于 E、交 BC 于 F、交 AB 的延长线于 G，过 E 点作 ET 切 $\odot BGF$ 于 T，如图 5.62 所示，那么 $ET = ED$．

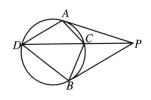
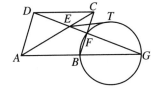

图 5.61　　　　　　　　图 5.62

7．切线 KA 切圆于 A，割线 KBC 交圆于 B、C，过 B 作 $BD \parallel KA$，KD 交圆于 E，如图 5.63 所示，那么 CE 平分 KA．

8．切线 MA 切圆于 A，任作 $MK = MA$，过 K 作割线 KBC 交圆于 B、C，MC 交圆于 E，KE 交圆于 D，如图 5.64 所示，那么 $BD \parallel KM$．

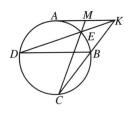

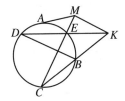

图 5.63　　　　　　　　图 5.64

9．MN 是圆的直径，直线 $l \perp MN$ 并交 MN 于 H，过 M 作两条

割线交 l 于 A、B，交圆于 C、D，如图 5.65 所示，那么 $MA \cdot MC = MB \cdot MD$.

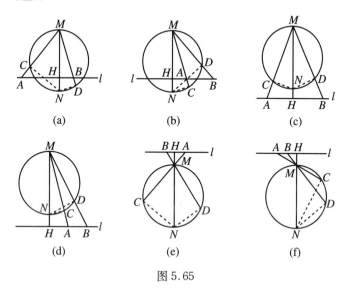

图 5.65

10. 两圆相交，P 是公共弦（或延长线）上的任一点.过 P 点作两条割线交一圆于 A、B，交另一圆于 C、D，如图 5.66 所示，那么 A、B、C、D 四点共圆.如果两圆相切，能得到什么结论？

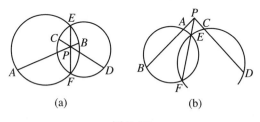

图 5.66

11. 过 $\triangle ABC$ 的各顶点作外接圆的切线，分别交对边于 D、E、F，如图 5.67 所示，那么 D、E、F 三点在一条直线上［这条直线叫作

△ABC 的莱莫恩(Lemoine)轴].

12. 两圆相交，P 是公共弦上的任意一点，过 P 点分别在两圆中作极小弦 EF 和 GH，如图 5.68 所示，那么 E、F、G、H 是矩形的四个顶点.

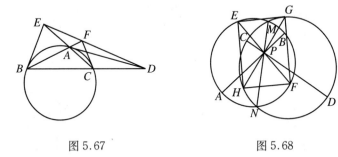

图 5.67　　　　　　　　　　图 5.68

13. $ABCD$ 是圆内接四边形，$\angle BAD$ 的平分线交 CD 或其延长线于 F，又交 $\angle BCD$ 的外角平分线于 E，如图 5.69 所示，那么 $FA \cdot FE = FC \cdot FD$.

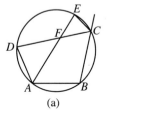　　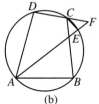

(a)　　　　　　　　　(b)

图 5.69

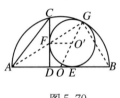

图 5.70

14. AB 是半圆的直径，从半圆周上任一点 C 作 $CD \perp AB$，又作一圆 O' 切 AB 于 E，切 CD 于 F，切 $\overset{\frown}{BC}$ 于 G，如图 5.70 所示，那么 $AE = AC$.

15. ⊙O 与 ⊙O′ 正交于 A、B,过 O 作任意割线交 ⊙O′ 于 C、D,M 为 ⊙O 上的任意一点,MC、MD 与 ⊙O′ 再相交于 E 和 F,如图 5.71 所示,那么 EF // OM.

16. ⊙O 与 ⊙O′ 正交于 A、B,M 是 OA 的中点,过 M 任作割线交 ⊙O′ 于 C、D,如图 5.72 所示,那么 ∠MOC = ∠D.

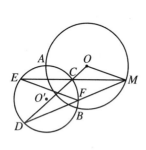
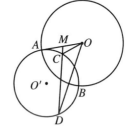

图 5.71　　　　　　　图 5.72

17. △ABC 是任意三角形,U、V、W 是 BC、CA、AB 或其延长线上的任意点,以 AU、BV、CW 为直径作三个圆,如图 5.73 所示,那么 △ABC 的垂心 H 是这三个圆的根心.

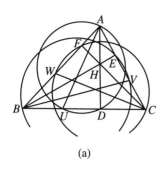
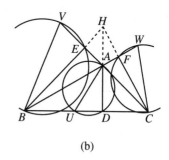

(a)　　　　　　　(b)

图 5.73

18. 三圆两两相交,那么它们的公共弦交于一点(图 5.74).如果不用根心定理,能证明吗?

19. $ABCD$ 是圆内接四边形,AB、DC 延长后交于 E,AD、BC 延长后交于 F,EP 和 FQ 分别切圆于 P 和 Q,如图 5.75 所示,那么 $EP^2 + FQ^2 = EF^2$.

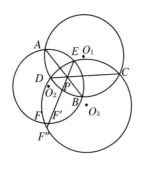

图 5.74

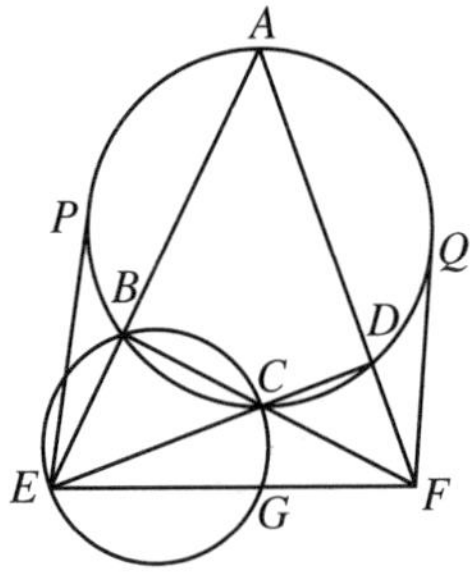

图 5.75

20. PA、PB 切 $\odot O$ 于 A、B,AB 交 PO 于 K,L 是 PK 的中点,LT 切 $\odot O$ 于 T,如图 5.76 所示,那么 $LT = LP$.

21. 在 $\triangle ABC$ 中,$\angle BAC$ 的平分线交 BC 于 D,$\angle BAC$ 的外角平分线交 BC 的延长线于 E,如图 5.77 所示,那么以 BC 为直径的圆 O 和以 DE 为直径的圆 O' 互相正交.

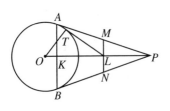

图 5.76

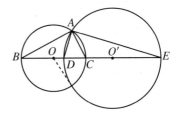

图 5.77

22. 已知两个共轭同轴圆族和不属于任何一族的一个圆 O(图 5.78),证明每族圆中必有两圆且仅有两圆和 $\odot O$ 相切.

23. 将上题中的⊙O换成直线l,如图 5.79 所示,能得到什么结论?

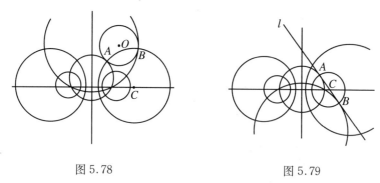

图 5.78　　　　　　　　图 5.79

24. 任作一圆和两个定圆相切,如图 5.80 所示,那么两个切点是这两个定圆上的反位点.

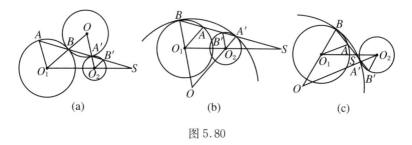

(a)　　　　　(b)　　　　　(c)

图 5.80

25. 两圆O和O'相交于P、Q,它们的顺位似心和逆位似心分别是S和S',如图 5.81 所示,那么PS和PS'平分$\angle OPO'$和它的外角.

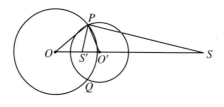

图 5.81

26. 在 $\triangle ABC$ 中,内切圆 I 切 BC 于 X,XW 是内切圆的直径,AW 交 BC 于 T,如图 5.82 所示,那么 $BT = CX$.

27. 如图 5.83 所示,在锐角 $\triangle ABC$ 中,$AD \perp BC$,则 $AB^2 = AC^2 + BC^2 - 2BC \cdot DC$.试研究 A 点膨胀成圆的情况.

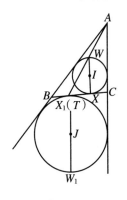

图 5.82

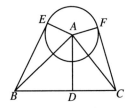

图 5.83

6 圆的调和性

6.1 复比、调和点列及调和线束

复比、调和点列及调和线束,都是直线形中的问题,在本丛书的《直线形》(毛鸿翔等著)一书中,有较详细的叙述.这里为了引用方便,将一些比较重要的定义和定理摘录如下:

如果 A、P、B、Q 是一条直线 l 上的顺序四点,那么

$$\frac{\overline{PA}}{\overline{PB}} : \frac{\overline{QA}}{\overline{QB}}$$

叫作**这四点的复比**,记为 $(APBQ)$.

如果 OA、OP、OB、OQ 是交于一点 O 的顺序四条直线,那么

$$\frac{\sin\angle POA}{\sin\angle POB} : \frac{\sin\angle QOA}{\sin\angle QOB}$$

叫作**这四条直线的复比**,记为 $O(APBQ)$,(在图 6.1 中,$\angle POA$ 和 $\angle POB$ 的旋转方向相反,所以它们的正弦的比值是负的).

在图 6.1 中,比值 $(APBQ)$ 和 $O(APBQ)$ 是相等的,事实上,我们有下列定理:

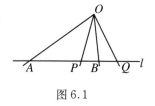

图 6.1

定理 6.1 如果一条直线 l 截交于过一点 O 的四条直线 OA、OP、OB、OQ 于 A、P、B、Q 四点,那么

$$\frac{\overline{PA}}{\overline{PB}} : \frac{\overline{QA}}{\overline{QB}} = \frac{\sin\angle POA}{\sin\angle POB} : \frac{\sin\angle QOA}{\sin\angle QOB},$$

也就是

$$(APBQ) = O(APBQ).$$

推论　如果直线 l 和 l' 分别截交于过同一点 O 的四条直线于 A、P、B、Q 和 A'、P'、B'、Q',那么 $(APBQ) = (A'P'B'Q')$;如果过 O 点的四条直线和过 O' 点的四条直线都通过在同一条直线 l 上的四点 A、P、B、Q,那么 $O(APBQ) = O'(APBQ)$(图 6.2).

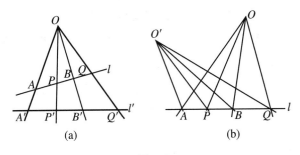

图 6.2

从这个推论可以看出:一条直线上四点的复比和过同一点的四条直线的复比都是射影性质,即复比不因射影而变,所以复比在射影几何中特别重要.

如果 $(APBQ) = -1$,那么 A、P、B、Q 四点就叫作**调和点列**,也可以说 P、Q 调和分割 AB 或 A、B 调和分割 PQ. 如果 $O(APBQ) = -1$,那么 OA、OP、OB、OQ 四条直线就叫作**调和线束**,也可以说 OP、OQ 调和分割 $\angle AOB$ 或 OA、OB 调和分割 $\angle POQ$.

定理 6.2　如果 A、P、B、Q 是一条直线上的四点,O 是 AB 的中点,并且 $\overline{OA}^2 = \overline{OB}^2 = \overline{OP} \cdot \overline{OQ}$,那么 A、P、B、Q 成调和点列. 逆命题也成立(图 6.3).

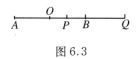

图 6.3

定理 6.3　如果 P 点是线段 AB 的中点,那么 A、P、B 和这条直线上的无穷远点共四点成调和点列.反之,如果 $(APBQ) = -1$,并且 Q 是无穷远点,那么 P 点平分 AB(图 6.4).

定理 6.4　如果 OP 和 OQ 分别平分 $\angle AOB$ 和它的邻补角,那么 OA、OP、OB、OQ 成调和线束.反之,如果 $O(APQB) = -1$,并且 $OP \perp OQ$,那么 OP 和 OQ 分别平分 $\angle AOB$ 和它的邻补角(图 6.5).

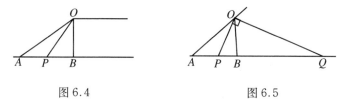

图 6.4　　　　　　　　　　　　　　　　　图 6.5

定理 6.5　完全四边形的任何一条对角线被另外两条对角线所调和分割.

如图 6.6 所示,完全四边形 $AEDBCF$ 的四边相交于 A、B、C、D、E、F 六点,三条对角线相交于 O、P、Q 三点,那么对角线 AC 被 O、P 所调和分割,对角线 BD 被 O、Q 所调和分割,对角线 EF 被 P、Q 所调和分割,即 $(AOCP) = -1$,$(BODQ) = -1$,$(EPFQ) = -1$.

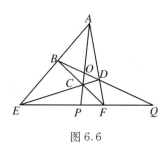

图 6.6

6.2　圆的调和分割

定理 6.6　从圆外一点向圆内作两条切线和一条割线,那么这条割线在圆内的部分必定被这点和切点弦所调和分割.

设切线 QC、QD 分别切 $\odot O$ 于 C、D,割线 QA 交 $\odot O$ 于 A、B,交切点弦 CD 于 P.现在分两种情况讨论:

第一,如果割线 QA 通过圆心,如图 6.7 所示,那么 O 是直径 AB 的中点.又 $OC \perp QC$,$CP \perp OQ$,所以 $\overline{OC}^2 = \overline{OP} \cdot \overline{OQ}$.由定理 6.2 可知 $(APBQ) = -1$.

第二,如果割线 QA 不通过圆心,设 QA 交 $\odot O$ 于 A、B,交切点弦 CD 于 P,连接 OQ,交 CD 于 E,连接 OC,又作 $OM \perp QA$,如图 6.8 所示.因为 $\angle OEP + \angle OMP = 180°$,所以 O、E、P、M 四点共圆,$\overline{QM} \cdot \overline{QP} = \overline{QO} \cdot \overline{QE}$,但在直角 $\triangle OCQ$ 中,$\overline{QO} \cdot \overline{QE} = \overline{QC}^2$,而 $\overline{QC}^2 = \overline{QA} \cdot \overline{QB}$,所以 $\overline{QM} \cdot \overline{QP} = \overline{QA} \cdot \overline{QB}$.因为 M 是 $\overline{AB}$ 的中点,所以应有 $\overline{QM} = \dfrac{\overline{QA} + \overline{QB}}{2}$,代入上式,得 $\overline{QP} \cdot \dfrac{\overline{QA} + \overline{QB}}{2} = \overline{QA} \cdot \overline{QB}$,即

$$\frac{2}{\overline{QP}} = \frac{\overline{QA} + \overline{QB}}{\overline{QA} \cdot \overline{QB}},$$

所以 $\dfrac{2}{\overline{QP}} = \dfrac{1}{\overline{QA}} + \dfrac{1}{\overline{QB}}$,即 $\dfrac{1}{\overline{QB}} - \dfrac{1}{\overline{QP}} = \dfrac{1}{\overline{QP}} - \dfrac{1}{\overline{QA}}$,亦即 $\dfrac{\overline{QP} - \overline{QB}}{\overline{QB} \cdot \overline{QP}} = \dfrac{\overline{QA} - \overline{QP}}{\overline{QP} \cdot \overline{QA}}$,因此 $\dfrac{\overline{BP}}{\overline{QB} \cdot \overline{QP}} = \dfrac{\overline{PA}}{\overline{QP} \cdot \overline{QA}}$,由此可得 $-\dfrac{\overline{PA}}{\overline{PB}} = \dfrac{\overline{QA}}{\overline{QB}}$,这就证明了 P、Q 调和分割 AB.

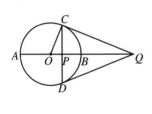
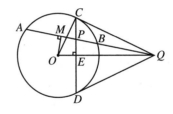

图 6.7　　　　　　　　　图 6.8

推论 1　如果 P、Q 调和分割 $\odot O$ 的直径 AB，过 P 点作 AB 的垂线交 $\odot O$ 于 C 和 D，那么过 C（或 D）作 $\odot O$ 的切线必定通过 Q 点.

推论 2　如果 P、Q 调和分割 $\odot O$ 的弦 AB，过 Q 点作 $\odot O$ 的切线 QC、QD，那么切点弦 CD 必定通过 P 点.

这两个推论都可以用"同一法"来证明.

【例 1】　设 A、P、B、Q 是调和点列，那么：

（1）以 AB 为直径的圆和以 PQ 为直径的圆互相正交；

（2）过 P、Q 两点的任何一个圆和以 AB 为直径的圆互相正交.

（1）首先，设以 AB 为直径的圆是 $\odot O$，以 PQ 为直径的圆是 $\odot O'$. 因为 O 是 AB 的中点，所以 $\overline{OB}^2 = \overline{OP} \cdot \overline{OQ}$，作 OC 切 $\odot O'$ 于 C，那么 $\overline{OC}^2 = \overline{OP} \cdot \overline{OQ}$，所以 $\overline{OC} = \overline{OB}$，故 C 点在 $\odot O$ 上. 这就是说，切线 OC 恰好就是 $\odot O$ 的半径，但 $O'C \perp OC$，因此两圆正交[图 6.9(a)].

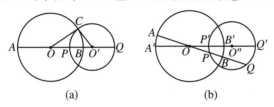

（a）　　　　　　　　　（b）

图 6.9

（2）其次，设⊙O''过 P、Q 两点，作连心线 OO''，顺次交两圆于 A'、P'、B'、Q'. 因为 $\overline{OB}^2 = \overline{OP} \cdot \overline{OQ}$，而 $\overline{OP} \cdot \overline{OQ} = \overline{OP'} \cdot \overline{OQ'}$，所以 $\overline{OB'}^2 = \overline{OP'} \cdot \overline{OQ'}$，这就是说 $(A'P'B'Q') = -1$. 根据本例题第（1）部分的证明，可知两圆正交 [图 6.9(b)].

练　　习

1. P、Q 调和分割⊙O 的直径 AB，过 P 点作 AB 的垂线交⊙O 于 C 和 D（图 6.7），那么 QC 和 QD 是⊙O 的切线.

2. 如果两圆正交，那么一个圆的任一条直径被另一个圆调和分割 [图 6.9(b)].

3. 在双曲线式同轴圆族中，两个极限点调和分割族中每一个圆的直径.

6.3　关于圆的极点和极线

如果 P、Q 调和分割圆的一条直径 AB，那么过 P 而垂直于 AB 的直线叫作 Q 点关于这个圆的极线，Q 点叫作这条垂线的极点. 同样，过 Q 而垂直于 AB 的直线叫作 P 点的极线，P 点叫作这条垂线的极点.

如果 P 点无限接近于 B 点，那么 Q 点也要无限接近于 B 点，根据连续原理，圆周上任一点的极线就是过这点的切线，圆的切线的极点就是它和圆相切的切点.

根据上述极点和极线的定义，立即可以推得下列定理：

定理 6.7　将一点和圆心连接起来，所得直线必定垂直于这点关于这圆的极线. 反之，从一点向它关于一个圆的极线作垂线，必定通过圆心；从圆心向一条直线作垂线，必定通过这条直线的极点（比较定理2.4）.

【例2】 在双曲线式同轴圆族中，每一个极限点关于族中任何一圆的极线都是同一条直线，就是过另一极限点而垂直于连心线的那条直线.

设 $\odot O_1$、$\odot O_2$ 是双曲线式同轴圆族中的任意两圆，它们的根轴 l 交连心线 O_1O_2 于 L，$\odot O_1$ 交 O_1O_2 于 A、B，P 和 Q 是这两个圆族中的两个极限点. 作 LT 切 $\odot O_1$ 于 T，如图6.10所示，那么 $\overline{LP} = \overline{LT}$，所以 $\overline{LP}^2 = \overline{LT}^2 = \overline{LA} \cdot \overline{LB}$. 但 L 是 $\overline{PQ}$ 的中点，由定理6.2的推论可知 $(APBQ) = -1$. 所以，过 P 点而垂直于 O_1O_2 的直线 PD 是 Q 点关于族中任意一圆 O_1 的极线. 同样，PD 也是 Q 点关于 $\odot O_2$ 的极线. 同理，过 Q 点而垂直于 O_1O_2 的直线 QE 也是 P 点关于族中任意一圆的极线.

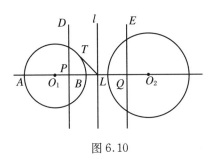

图6.10

练　习

1. 从圆外一点作圆的两条切线，那么切点弦是这点的极线.

2. 两点和圆心连线所夹的角，等于这两点关于这圆的两条极线所夹的角.

定理 6.8 对同一个圆来说,如果 A 点的极线通过 B 点,那么 B 点的极线必定通过 A 点.

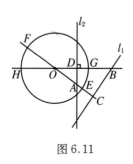

图 6.11

设 A 点关于 $\odot O$ 的极线是 l_1, B 点在 l_1 上,连接 OB,交 $\odot O$ 于 G、H,过 A 点作 $l_2 \perp OB$ 交 OB 于 D,连接 OA,如图 6.11 所示.

因为 l_1 是 A 点的极线,所以直线 OA 必定垂直于 l_1,设 OA 交 $\odot O$ 于 E、F,交 l_1 于 C,那么 A、C 调和分割 EF,所以 $\overline{OA} \cdot \overline{OC} = \overline{OE}^2$,但 $\angle ADB + \angle ACB = 180°$,所以 A、D、B、C 四点共圆,$\overline{OD} \cdot \overline{OB} = \overline{OA} \cdot \overline{OC}$,因此 $\overline{OD} \cdot \overline{OB} = \overline{OG}^2$,这就证明了 D、B 调和分割 GH,所以 l_2 是 B 点的极线.

推论 如果若干个点在一条直线上,那么它们关于同一个圆的极线交于一点.反之,如果若干条直线交于一点,那么它们关于同一个圆的极点在一条直线上.

注意,这个推论的前后两部分是互为对偶的.

【例 3】 在圆外切六边形中,三组相对的顶点的连线交于一点 [布利安桑(Brianchon)定理].

设 $ABCDEF$ 是圆外切六边形,顺次连接各边的切点得到一个圆内接六边形 $GHKLMN$,从图 6.12 可见,对这个圆来说,GN 的极点是 A,KL 的极点是 D,设 GN 和 KL 相交于 P,那么 P 点的极线既要通过 A,又要通过 D,所以 P 的极线就是 AD.同理,设 GH 和 LM 相交于 Q,那么 Q 点的极线就是 BE.再设 HK 和 MN 相交于 R,那么 R 点的极线就是 CF.但由帕斯卡定理可知,圆内接六边形 $GHKLMN$ 的三组对边的交点 P、Q、R 在一条直线上,所以 P、Q、R 的极线应

当交于一点 O，这点就是直线 PQR 的极点.

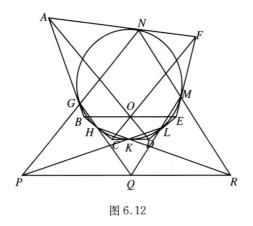

图 6.12

练 习

1. A 是 $\odot O$ 上的一个定点，任作一些圆 C_1、C_2、…都和 $\odot O$ 正交，那么 A 点关于这些圆的极线都要通过 $\odot O$ 上的另一个定点.

2. $ABCD$ 是圆外切四边形，切圆于 G、H、K、L 四点，AB、DC 延长后交于 E，AD、BC 延长后交于 F，GK、HL 交于 P，如图 6.13 所示，那么 P 点是 EF 的极点.

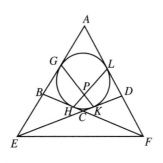

图 6.13

6.4　关于圆的共轭点和共轭直线

如果第一个点关于一个圆的极线通过第二个点,同时第二个点关于同一个圆的极线也通过第一个点,那么这两个点叫作关于这个圆的共轭点.如果第一条直线关于一个圆的极点在第二条直线上,同时第二条直线关于同一个圆的极点也在第一条直线上,那么这两条直线叫作关于这个圆的共轭直线.

注意,关于一个圆互为共轭的两点不一定调和分割这个圆的直径.因为它们的连线不一定通过圆心,甚至不一定和圆相交.但这两个点的连线如果和圆相交,那么它们关于这两个交点是调和共轭点.

关于一个圆的两个共轭点可能都在圆外,也可能一个在圆外,一个在圆内,但不可能都在圆内.关于一个圆的两条共轭直线可能都和圆相交,也可能一条相交、一条相离,但不可能都和圆相离.

定理 6.9　已知一个圆和圆的一条弦,那么调和分割这条弦的两点是关于已知圆的共轭点.

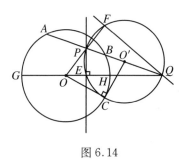

图 6.14

设 AB 是 $\odot O$ 的弦,P、Q 调和分割 AB,连接 OQ 交 $\odot O$ 于 G、H,过 P 作 $PE \perp OQ$ 交 OQ 于 E,以 PQ 为直径作圆 O',必定通过 E 点.连接 OP 交 $\odot O'$ 于 F,又设 $\odot O'$ 交 $\odot O$ 于 C,连接 OC、$O'C$,如图 6.14 所示.因为 P、Q 调和分割 AB,所以 $\overline{O'P}^2 = \overline{O'A}$ · $\overline{O'B}$,但 $\overline{O'C} = \overline{O'P}$,所以 $\overline{O'C}^2 =$

$\overline{O'A} \cdot \overline{O'B}$，故 $\overline{O'C}$ 是 $\odot O$ 的切线，$O'C \perp OC$，因此两圆正交，所以 OC 也是 $\odot O'$ 的切线，$\overline{OC}^2 = \overline{OE} \cdot \overline{OQ}$，而 $\overline{OH} = \overline{OC}$，所以 $\overline{OH}^2 = \overline{OE} \cdot OQ$，因此 E、Q 调和分割 GH. 这就证明了 PE 是 Q 的极线. 既然 Q 点的极线通过 P，那么 P 点的极线也要通过 Q. 由此可知 QF 就是 P 点的极线，所以 P、Q 是关于 $\odot O$ 的共轭点.

【例 4】　　$ABCD$ 是圆内接四边形，AB、DC 延长后相交于 E，AD、BC 延长后相交于 F，AC 与 BD 相交于 O，那么 OE 是 F 点的极线，OF 是 E 点的极线，EF 是 O 点的极线（图 6.15）.

设直线 EO 交 BC 和 AD 于 G、H，那么在四条直线 AE、DE、AC、DB 所组成的完全四边形中，对角线 BC 和 EO 调和分割对角线 AD 于 F、H，所以 $(AHDF) = -1$，故 F 和 H 是关于这个圆的共轭点，因此 F 点的极线必定通过 H. 同理，F 点的极线也要通过 G，这就证明了 F 的极线是 GH，也就是 EO. 同理，E 点的极线是 FO.

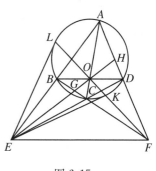

图 6.15

其次，E 点和 F 点的极线都通过 O 点，所以 O 点的极线要通过 E 点和 F 点，就是 EF.

根据这个例题可以获得过圆外一点作圆的切线的一种新的方法如下：

过圆外一点 E 任作割线 EBA 和 ECD，AC、BD 交于 O，AD、BC 交于 F，连接 FO，交圆于 K、L（图 6.15）. 那么 EK 和 EL 就是这圆的切线（因为 KL 就是 FO，是 E 点关于这圆的极线）. 这个作法只用直尺而不用圆规，颇为方便，具有实用价值.

练　习

1. A、B 两点是关于 $\odot O$ 的共轭点,那么以 AB 为直径的圆必定和 $\odot O$ 正交.

2. A、B 两点是关于 $\odot O$ 的共轭点,那么从 AB 的中点 M 作 $\odot O$ 的切线,这条切线的长必等于 AB 的一半.

3. 如果三角形的任何两个顶点都是关于同一个圆的共轭点,那么这个三角形叫作**自共轭三角形**(当然这个三角形的任何两边也是关于这个圆的共轭直线).证明:如果一个三角形是关于某个圆的自共轭三角形,那么它的垂心就是这个圆的圆心.

4. 在图 6.15 中,证明△EFO 是关于这个圆的自共轭三角形.

6.5　圆周上四点的复比、调和点系

如果过圆周上一点的四条直线和同一圆周相交于四点,我们就把这四条直线的复比叫作**圆周上这四点的复比**.特例:如果过圆周上一点的四条直线成调和线束,那么它们和同一圆周相交所得的四点叫作这个圆周上的调和点系.

在上面所说的四条直线中,根据连续原理,可知有一条是圆的切线.

定理 6.10　圆周上四个定点的复比是一个常数,与通过这四点的线束的中心所在位置无关.

设 A、P、B、Q 是圆周上的四个定点,在圆周上任取两点 M 和 N,并将 M、N 分别和 A、P、B、Q 连接起来(图6.16),那么 $\angle AMP =$

∠ANP，∠PMB = ∠PNB，∠BMQ 等于 ∠BNQ 的邻补角，即 ∠BMQ = ∠BNN'，并且顺序都是相同的，所以可以将线束 MA、MP、MB、MQ 迭合在线束 NA、NP、NB、NQ 上，这两个线束是全等形，它们的复比当然相等.

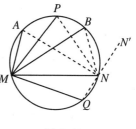

图 6.16

如果 N 重合于 A、P、B、Q 中的某一点，上述证明仍然有效，读者可自行画图验证，注意这时 NN' 应化为切线.

定理 6.11 如果两条直线关于一个圆是共轭直线，并且这两条直线都和这圆相交，那么所得四个交点是调和点系.

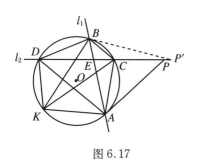

图 6.17

设 l_1、l_2 是关于 ⊙O 的共轭直线，P 是 l_1 的极点，那么 P 必在 l_2 上，设 l_1 交 ⊙O 于 A、B，l_2 交 ⊙O 于 C、D，连接 AP、AC、AD，如图 6.17 所示.因为 P 点和它的极线 l_1 调和分割 CD，所以 $A(PCBD)$ = -1.在圆周上任取一点 K，连接 KA、KC、KB、KD，因为 P 是 l_1 的极点，所以 PA 是圆的切线，∠PAC = ∠AKC.又 ∠CAB = ∠CKB，∠BAD = ∠BKD，所以线束 KA、KC、KB、KD 和线束 AP、AC、AB、AD 是全等形，$K(ACBD)$ = $A(PCBD)$ = -1，这就证明了 A、B、C、D 是圆周上的调和点系.

如果 A、C、B、D 是圆周上的调和点系，那么顺次连接这四点所

得的四边形叫作**调和四角形**.有了这个定义,上面的定理 6.11 的逆命题就可以写成下面的形式:

推论　调和四角形的任何一条对角线通过另一条对角线的极点.

设 $ACBD$ 是调和四角形,对角线交于 E,过 A 点作外接圆的切线 AP 交 DC 的延长线于 P,如图 6.17 所示.因为$(ACBD) = -1$,所以 $A(PCBD) = -1$,因此 P、E 调和分割 CD,即$(PCED) = -1$.再作 BP' 切外接圆于 B,交 DC 的延长线于 P',同理可证$(P'CED) = -1$,因此 P' 和 P 重合,这就证明了 AB 的极点在 CD 上,同理,CD 的极点也在 AB 上,问题就解决了.

【例 5】 圆内接调和四角形的对边之积相等.

设 $ACBD$ 是圆内接调和四角形,那么 AB 的极点 P 在 CD 上,CD 的极点 Q 在 AB 上,并且 PA、PB、QC、QD 都是圆的切线,如图 6.18 所示,容易看出△$PAC \backsim$△PDA,所以 $AC : AD = PC : PA$,同理△$PBC \backsim$△PDB,所以 $BC : BD = PC : PB$,但 $PA = PB$,所以 $AC : AD = BC : BD$,这就证明了 $AC \cdot BD = AD \cdot BC$.

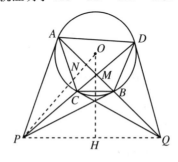

图 6.18

练　习

1. 如果一个等形内接于圆,那么这个等形是调和四角形.

2. 从圆外一点作圆的两条切线和一条割线,那么两个切点和割线与圆的两个交点组成调和点系.

3. *ABCD* 是圆内接四边形,*AB*、*DC* 延长后交于 *E*,*AD*、*BC* 延长后交于 *F*,对角线 *AC*、*BD* 交于 *O*,*EO* 交圆于 *G*、*H*,*FO* 交圆于 *K*、*L*,如图 6.19 所示,那么 *GKHL* 是调和四角形.

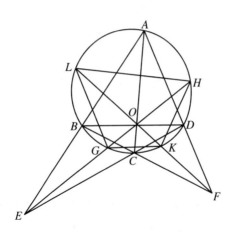

图 6.19

4. 在图 6.18 中,求证:

(1) △*MPQ* 是关于圆的自共轭三角形;

(2) $PQ^2 = PA^2 + QD^2$.

6.6 复比的应用

利用复比进行证明,有时比较简便,举例如下.

【例6】　GH 是 $\odot O$ 内的一条弦,M 是 GH 的中点,过 M 任作两条弦 AB、CD,设 AD 与 BC 分别交 GH 于 E、F,如图6.20所示,那么 $ME = MF$.

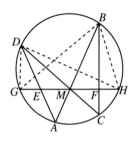

图 6.20

连接 BH、BG、DH、DG,那么

$$(HFMG) = B(HFMG) = B(HCAG) = D(HCAG)$$
$$= D(HMEG) = (HMEG).$$

这就是

$$\frac{\overline{FH}}{\overline{FM}} : \frac{\overline{GH}}{\overline{GM}} = \frac{\overline{MH}}{\overline{ME}} : \frac{\overline{GH}}{\overline{GE}},$$

即

$$\frac{\overline{FH} \cdot \overline{GM}}{\overline{FM} \cdot \overline{GH}} = \frac{\overline{MH} \cdot \overline{GE}}{\overline{ME} \cdot \overline{GH}}.$$

但 $\overline{GM} = \overline{MH}$,约简后即得

$$\frac{\overline{FH}}{\overline{FM}} = \frac{\overline{GE}}{\overline{ME}},$$

所以

$$\frac{\overline{FH}}{\overline{MF}} = \frac{\overline{GE}}{\overline{EM}},$$

故

$$\frac{\overline{FH} + \overline{MF}}{\overline{MF}} = \frac{\overline{GE} + \overline{EM}}{\overline{EM}},$$

即

$$\frac{\overline{MH}}{\overline{MF}} = \frac{\overline{GM}}{\overline{EM}}.$$

再约去 $\overline{MH}$ 和 $\overline{GM}$,问题就可以解决了.

练　习

1. AB 是 $\odot O$ 的直径,弦 $CD \perp AB$,E 是圆周上的任一点,EA、ED 分别交 BC 于 F、G,如图 6.21 所示,那么 $BG \cdot CF = FG \cdot BC$.

2. PA、PB 分别切圆于 A 和 B,又过 P 作割线交圆于 C 和 D,作弦 $BE \parallel CD$,连接 AE 交 CD 于 M,如图 6.22 所示,那么:

(1) $E(BCMD) = -1$;

(2) $DM = MC$.

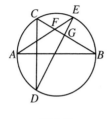

图 6.21

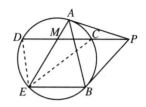

图 6.22

6.7　配　极　变　换

从前面几节可见,对一个圆来说,平面内的点和直线存在着一一对应的关系,这就是说:任何一点对应于它关于这圆的极线;任何一条直线对应于它关于这圆的极点.注意,圆心对应于无穷远直线,过圆心的直线对应于无穷远点(这个无穷远点在垂直于那条直线的方向上).这样,我们就一定能将一个命题中的点变换成这点关于某个圆的极线,同时将这个命题中的直线变换成这条直线关于同一个圆的极点.这样的变换叫作配极变换,这个圆称为**导圆**.经过配极变换后所得的图形叫作原图形的**配极图形**,经过配极变换后所得的命题叫作原命题的**配极命题**.

定理 6.12　配极变换有下列性质:

(1) 在一条直线上的若干个点,它的配极图形是通过一点的若干条直线;逆命题也成立.

(2) 如果两点的连线通过导圆的圆心,那么它们的极线互相平行(交于无穷远点);逆命题也成立.

(3) 两点和导圆圆心所连成的两直线的交角,等于这两点的极线的交角.

(4) 一条直线上四点的复比,等于它们关于导圆的四条极线的复比;逆命题也成立.

本定理的前三个性质事实上前面已有过了,现在证明它的第四个性质.

设 A、B、C、D 是直线 l 上顺序四点,直线 l 关于导圆 O 的极点

是 P,连接 OA、OB、OC、OD,作 $PA' \perp OA$,A' 是垂足.因为 P 点的极线通过 A 点,所以 A 点的极线必定通过 P 点.由定理 6.7 可知,PA' 是 A 点的极线.同理,作 $PB' \perp OB$,$PC' \perp OC$,$PD' \perp OD$,如图6.23 所示,则 PB'、PC'、PD' 分别是 B、C、D 的极线.因为$(ABCD)$ $= O(ABCD) = O(A'B'C'D')$,而 A'、B'、C'、D' 都在以 OP 为直径的圆周上,所以 $O(A'B'C'D') = P(A'B'C'D')$,这就证明了$(ABCD) = P(A'B'C'D')$,问题就可以解决了.逆命题也不难证明.

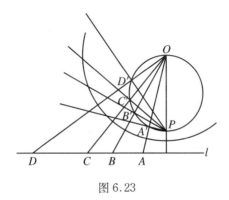

图 6.23

特例:如果四点成调和点列,那么它们关于导圆的极线成调和线束;逆命题也成立.

有了这个定理,如果遇到比较困难的问题,就可以尝试作出它的配极图形,并将原命题变换成它的配极命题,若配极命题能够解决,原命题也就连带解决了.6.3 节中证明布利安桑定理时,实际上用的就是这个方法,现在再举一例如下:

【例 7】　如果两个三角形的对应顶点连线交于一点,那么它们的对应边(包括延长线)的交点在一条直线上;逆命题也成立[德萨格(Desargue)定理].

　　设在△ABC 与△DEF 中，AD、BE、CF 交于一点 O，BC 和 EF、CA 和 FD、AB 和 DE 分别交于 L、M、N，如图 6.24 所示. 以 O 为圆心任作一圆作为导圆. 设 A、B、C、D、E、F 六点的配极图形分别是六条直线 B'C'、C'A'、A'B'、E'F'、F'D'、D'E'. 因为 A 和 D 的连线通过导圆圆心 O，所以 B'C' 和 E'F' 的交点是无穷远点，这就是说 B'C'∥E'F'. 同理 C'A'∥F'D'，A'B'∥D'E'，因此△A'B'C' 和△D'E'F' 的对应边互相平行，它们必然是位似形，所以它们的对应顶点连线 A'D'、B'E'、C'F' 必定交于一点 P. 但 A' 是 BC 的配极图形，D' 是 EF 的配极图形，所以直线 A'D' 是 L 点的配极图形. 同理 B'E' 是 M 点的配极图形，C'F' 是 N 点的配极图形，A'D'、B'E'、C'F' 这三条直线既然交于一点，它们的配极图形 L、M、N 必定在一条直线 p 上，定理得以证明. 逆命题也可用类似的方法证明，请读者自行补足.

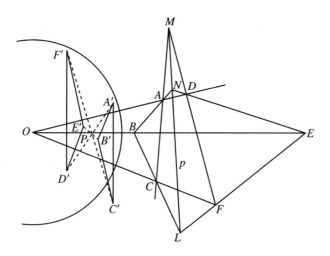

图 6.24

练　习

1. △ABC 的外心为 O,过 O 点作 BC、CA、AB 的平行线分别交过 A、B、C 三点而切于外接圆的三条切线于 L、M、N,如图 6.25 所示,那么 L、M、N 三点共线.

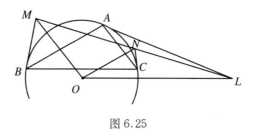

图 6.25

2. △ABC 的内切圆分别切三边 BC、CA、AB 于 D、E、F,设 $\overparen{EF}$、$\overparen{FD}$、$\overparen{DE}$ 的中点分别为 G、H、K.过 G、H、K 三点分别作 EF、FD、DE 的平行线交 BC、CA、AB 的延长线于 L、M、N,如图 6.26 所示,那么 L、M、N 三点共线.

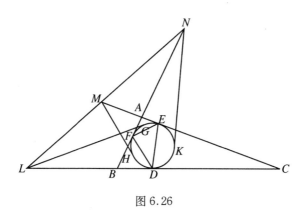

图 6.26

3. △ABC 的内切圆切 AC、AB 于 E、F.将中线 BM、CN 分别延

长一倍到 P、Q，再分别过 P、Q 作内切圆的切线 PG、PH 和 QK、QL，如图 6.27 所示，那么 EF、GH、KL 交于一点．

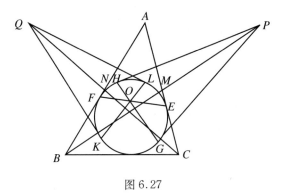

图 6.27

―――《习 题 6》―――

1. 两个圆的顺位似心和逆位似心与这两个圆的圆心成调和点列．

2. $\triangle ABC$ 的内切圆（或旁切圆）切 BC、CA、AB 于 D、E、F，FE 交 BC 的延长线于 G，如图 6.28 所示，那么 B、D、C、G 成调和点列．

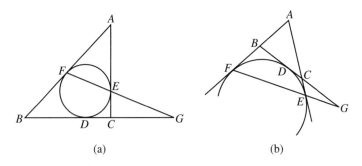

(a)　　　　　　　　　　　(b)

图 6.28

3. AB 是圆的直径, 弦 $CD \perp AB$, P 是 $\overset{\frown}{CD}$ 上任一点, PC、PD 交 AB (或延长线) 于 N、M, 如图 6.29 所示, 那么 M、A、N、B 成调和点列.

4. P、Q 调和分割 $\odot O$ 的直径 AB, 过 P 和 Q 作两条直线都垂直于 AB, $\odot O$ 的任一切线交两条垂线于 M 和 N, 如图 6.30 所示, 那么 $\dfrac{OM}{ON} = $ 常数.

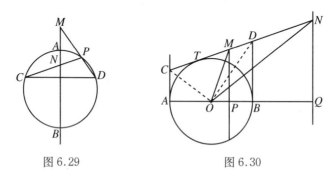

图 6.29   图 6.30

5. 过 $\odot O$ 内一点 P 作 OP 的垂线交圆周于 C, 过 C 作切线交 OP 的延长线于 E. 过 E 作 $EG \perp OE$. 过 P 作任意割线交圆周于 A、B, 交 EG 于 Q, 如图 6.31 所示, 那么 PQ 调和分割 AB.

6. 如果两圆互相正交, 那么在一圆的任一直径的两端是关于另一圆的共轭点 (图 6.32).

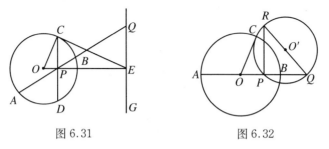

图 6.31   图 6.32

7. O_1、O_2、O_3、$\cdots$ 是一族同轴圆, A 是一个定点, 那么 A 点关于这些圆的极线都要通过另一个定点.

8. A、B 两点是关于 $\odot O$ 的共轭点,分别以 A、B 为圆心作两圆都和 $\odot O$ 正交,那么 $\odot A$ 和 $\odot B$ 也正交.

9. A、B 两点关于 $\odot O$ 为共轭点,AD、BE 分别切 $\odot O$ 于 D、E,如图 6.33 所示,那么 $AB^2 = AD^2 + BE^2$.

10. 圆外切四边形 $ABCD$ 的各边切圆于 E、F、G、H 四点(图 6.34),将这个图形看作布利安桑定理的极限情形(即先将 $AEBCGD$ 看作六边形,再将 $ABFCDH$ 看作六边形),利用连续原理证明四条直线 AC、BD、EG、FH 交于一点(牛顿的圆外切四边形定理).

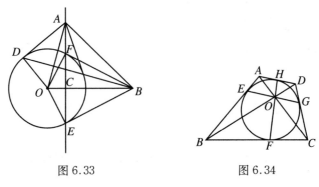

图 6.33   图 6.34

11. 四边形 $ABCD$ 的各边切圆于 G、H、K、L,AB 和 DC 交于 E,AD 和 BC 交于 F,AC 和 BD 交于 O,如图 6.35 所示,那么 O 点是 EF 的极点.

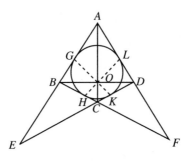

图 6.35

12. 圆外切四边形 $ABCD$ 的边切圆于 E、F、G、H，AB、DC 交于 P，AD、BC 交于 Q，EF、HG 交于 M，EH、FG 交于 N，如图 6.36 所示，那么 P、Q、M、N 四点共线.

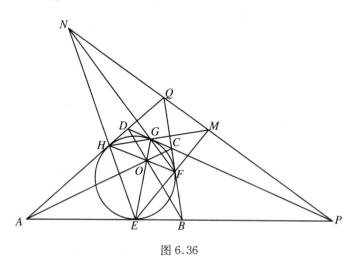

图 6.36

13. 过圆周上四个定点 A、B、C、D 作四条定切线，又过这圆周上任一点 P 作一条动切线与上述四条定切线分别相交于 A'、B'、C'、D'，如图 6.37 所示，那么复比 $(A'B'C'D')$ 是一个常数，与动切线的位置无关.

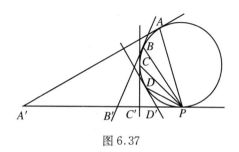

图 6.37

14. $ABCD$ 是圆的外切等腰梯形，任作这圆的一条切线，分别和

等腰梯形的各边 AB、BC、CD、DA 相交于 A'、B'、C'、D'，如图 6.38 所示，那么 $(A'B'C'D') = -1$．

15. 在 $\triangle ABC$ 的高 AD 上任取一点 P，作 BP、CP 分别与 CA、AB 相交于 E 和 F，如图 6.39 所示，那么 AD 平分 $\angle FDE$，试利用调和点列加以证明．

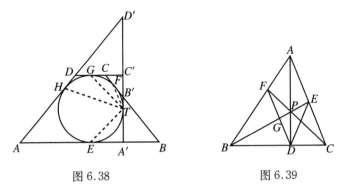

图 6.38　　　　　　图 6.39

16. 如图 6.40 所示，利用复比证明帕斯卡定理的特殊情况："圆内接六边形（不一定是凸六边形）中，三组对边的交点共线．"

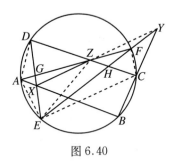

图 6.40

7 反 演 变 换

7.1 反 演 图 形

如果 P、P' 两点在 $\odot O(r)$ 的一条半径和它的延长线上，并且 $OP \cdot OP' = r^2 (r \neq 0)$，那么 P、P' 两点就叫作关于 $\odot O$ 的**反演点**，$\odot O$ 叫作**反演基圆**，O 点叫作**反演中心**，r 叫作**反演半径**. 如果在两个图形 F、F' 中，任何一个图形的每一点都是另一图形的某一点关于反演基圆的反演点，那么这两个图形叫作**反演图形**. 将一个图形变成它的反演图形叫作**反演变换**.

这里的反演半径 r 不能等于 0，因为如果 $r = 0$，反演基圆则变成点圆，平面内的任何一点都反演成反演中心了.

如果 OP 和 OP' 的方向相同，则这种反演变换叫作双曲式的；如果 OP 和 OP' 的方向相反，则这种反演变换叫作椭圆式的. 本书只研究双曲式的反演变换.

如图 7.1 所示，容易看出，如果 P、P' 两点关于 $\odot O(OA)$ 互为反演点，并且 P、P' 都在直径 AB 所在直线上，那么 $(BPAP') = -1$.

在图 7.1 中，将 P 点和 A 点固定，而使 O 点向左移动，也就是使半径 OA 逐渐增大，那么由 $OP \cdot OP' = OA^2$ 可得

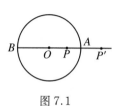

图 7.1

$$(\overline{OA} - \overline{PA})(\overline{OA} + \overline{AP'}) = \overline{OA}^2,$$

整理,得

$$\overline{AP'} = \frac{\overline{OA} \cdot \overline{PA}}{\overline{OA} - \overline{PA}} = \frac{\overline{PA}}{1 - \dfrac{\overline{PA}}{\overline{OA}}}.$$

当 $\overline{OA}$ 趋于无穷大时,$\dfrac{\overline{PA}}{\overline{OA}} \to 0$, $AP' \to PA$. 这时,$\odot O(OA)$ 趋于过 A 点而垂直于 PP' 的直线,也就是 PP' 的垂直平分线. 根据连续原理,可以将这种情况作为反演变换的一种特殊情况. 也就是说,轴对称可以作为反演变换的特例.

在平面内,指定反演基圆以后,这个平面内的点(除反演中心外)就确立了一一对应的关系. 这就是说,圆内任何一点必定和圆外某一点互为反演点,逆命题也成立. 圆周上的各点互为反演点. 至于圆心,只能说对应于无穷远点(因此,在讲反演变换时,往往把平面内的无穷远点看作是唯一的).

从这个定义可以看出:如果两点关于一个圆互为反演点,那么它们必然是关于这个圆的一条直径的调和共轭点;逆命题也成立.

7.2 点 的 反 演

由反演的定义可知点的反演图形仍然是点,现在研究如何求作已知点的反演点.

首先,设已知反演基圆 $O(r)$,求作点 P 的反演点 P'. 如果 P 在 $\odot O$ 外,过 P 作切线 PA 和 PB,A、B 为切点. 连接 AB,交 OP 于 P',那么 P' 就是 P 点的反演点[图 7.2(a)].

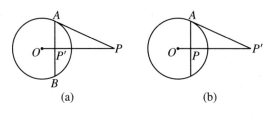

图 7.2

如果 P 点在⊙O 内,过 P 作 OP 的垂线交⊙O 于 A,过 A 作 OA 的垂线交 OP 于 P',那么 P' 就是 P 点的反演点[图 7.2(b)].

其次,设已知反演中心 O 和一组反演点 A 和 A',求作已知点 B 的反演点. 如果 B 点不在直线 OAA' 上,只要过 A、A'、B 作一圆,连接 OB 交这圆于 B',B' 就是 B 的反演点[图 7.3(a)].

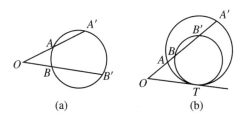

图 7.3

如果 B 点在直线 OAA' 上,那么过 A 和 A' 任作一圆,过 O 作切线 OT 切这圆于 T,再过 B 作圆切 OT 于 T,交 OAA' 于 B',B' 就是 B 的反演点[图 7.3(b)].

以上作法的证明很容易,请读者自行补足.

由以上作法,我们获得了下列定理:

定理 7.1 如果两点的连线通过反演中心[图 7.3(b)],那么这两点的反演点和这两点在同一直线上;如果两点的连线不通过反演中心[图 7.3(a)],那么这两点的反演点和这两点在同一圆周上.

注意,在图 7.3(b)中,线段 $A'B'$ 是线段 AB 的反演图形,但在图 7.3(a)中,线段 $A'B'$ 并不是线段 AB 的反演图形.

【例 1】 已知两组反演点 A 和 A'、B 和 B',求它们的反演基圆.

如果 A、A'、B、B' 在同一圆周上[图 7.4(a)],只要延长 AA' 和 BB' 相交于 O,过 O 作 OT 切圆于 T,以 O 为圆心、以 OT 为半径作圆,就是反演基圆.

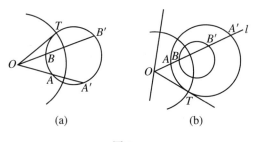

(a)　　　　　　　　(b)

图 7.4

如果 A、A'、B、B' 在同一直线 l 上[图 7.4(b)],过 A 和 A' 任作一圆,再过 B 和 B' 任作一圆,作这两圆的根轴交 l 于 O,过 O 作 OT 切任一圆于 T,以 O 为圆心、以 OT 为半径作圆,就是反演基圆.

证明请读者自行补足.

练　　习

1. $ABCD$ 是圆内接四边形.

(1) 证明:A 和 B、D 和 C 可以看作两组反演点,A 和 D、B 和 C 也可以看作两组反演点(参阅习题 5 第 19 题的图 5.75);

(2) 试求出这两个反演基圆和反演半径;

(3) 证明这两个反演基圆互相正交.

2. 承上题,如果 $AB /\!/ CD$,那么 $ABCD$ 成为等腰梯形,这时两个反演基圆会发生什么变化?

3.承前题,如果 $ABCD$ 变成矩形,试用连续原理证明"矩形有两条对称轴,并且这两条对称轴互相垂直".

4.如果 A、B 两点是关于 $\odot O$ 的反演点,那么任何经过 A、B 两点的圆必定和 $\odot O$ 正交.

7.3 直线的反演

定理 7.2 过反演中心的直线,它的反演图形就是它自身;不过反演中心的直线,它的反演图形是过反演中心的一个圆(叫作这条直线的反形圆).

这个定理的前半部分可以由定理 7.1 直接推得,现在证明它的后半部分.

设 $\odot O(r)$ 是反演基圆,l 是一条直线.如图 7.5 所示,作 $OA \perp l$ 交直线 l 于 A,在射线 OA 上截取 OA',使 $OA' \cdot OA = r^2$,那么 A' 是定点.在直线 l 上任取一点 P,在射线 OP 上截取 OP',使 $OP' \cdot OP = r^2$,连接 $P'A'$,由定理 7.1 可知 P、A、A'、P' 四点共圆,所以 $\angle OP'A' = \angle OAP = 90°$,因此 P' 的轨迹是以 OA' 为直径的一个圆.

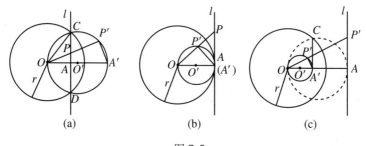

图 7.5

如果直线 l 和反演基圆相交于两点,那么它的反形圆和反演基圆相交于相同的两点[图 7.5(a)];如果直线 l 和反演基圆相切于一点,那么它的反形圆也和反演基圆相切于这点[图 7.5(b)];如果直线 l 和反演基圆相离,那么它的反形圆在反演基圆内部[图 7.5(c)].

推论 1　直线 l 关于反演基圆的极点是 A' 点.

推论 2　在平面内,任何一个圆和一条直线必定互为反演图形.

设已知直线是 l,已知圆是 $\odot O'$.首先,如果 $\odot O'$ 和 l 相交于 C、D[图 7.5(a)],过 O' 作垂直于 l 的直径 OA',连接 OC,那么以 O 为圆心、以 OC 为半径的圆就是反演基圆.或者,连接 $A'C$,那么以 A' 为圆心、以 $A'C$ 为半径的圆(图中未画)也是反演基圆.

其次,如果 $\odot O'$ 和直线 l 相切于 A[图 7.5(b)],连接 $A'O$,延长后交 $\odot O'$ 于 O,那么以 O 为圆心、以 OA 为半径的圆就是反演基圆.

最后,如果 $\odot O'$ 和直线 l 相离[图 7.5(c)],过 O' 作直线 l 的垂线交 l 于 A,交 $\odot O'$ 于 O 和 A',过 A' 作 OA 的垂线与以 OA 为直径的圆交于 C,那么以 O 为圆心、以 OC 为半径的圆就是反演基圆.

这样就可以看出,在任何一种情况下,一条直线和一个圆必定互为反演图形.

【例 2】　任何一条不通过反演中心的直线必定是它的反形圆和反演基圆的根轴.

设反演基圆为 $O(r)$,直线 l 的反形圆为 $O'(r')$,如图 7.6 所示,P 为直线 l 上任一点,PT 和 PT' 分别切 $\odot O$ 和 $\odot O'$ 于 T 和 T',要证明直线 l 是 $\odot O$ 和 $\odot O'$ 的根轴,只需证明 $PO^2 - r^2 = PO'^2 - r'^2$ 就行了.设 OO' 交直线 l 于 A,交 $\odot O'$ 于 A',因为 $l \perp OO'$,所以只需证明 $OA^2 - r^2 = O'A^2 - r'^2$ 或 $OA^2 - O'A^2 = r^2 - r'^2$ 就可以了.因为 A 和 A' 是关于 $\odot O(r)$ 的反演点,所以 $OA \cdot OA' = r^2$,而 $OA + O'A = OO' = r'$[图 7.6(a)],或 $OA - O'A = OO' = r'$[图 7.6(b)和(c)].由前一式得

$OA \cdot 2r' = r^2$，即 $r' = \dfrac{r^2}{2OA}$，代入后两式，得

$$OA \pm O'A = \frac{r^2}{2OA},$$

所以

$$2OA^2 \pm 2OA \cdot O'A = r^2,$$

$$OA^2 \pm 2OA \cdot O'A + O'A^2 = r^2 + O'A^2 - OA^2,$$

$$(OA \pm O'A)^2 = r^2 + O'A^2 - OA^2,$$

$$r'^2 = r^2 + O'A^2 - OA^2,$$

$$OA^2 - O'A^2 = r^2 - r'^2.$$

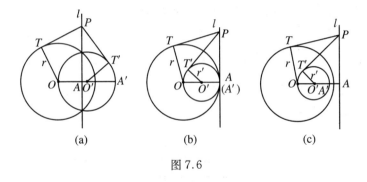

(a)   (b)   (c)

图 7.6

这就证明了直线 l 是 $\odot O$ 和 $\odot O'$ 的根轴.

练 习

1. BE、CF 分别是锐角 $\triangle ABC$ 中 AC、AB 边上的高，E、F 是垂足，那么 $\triangle AEF$ 的外接圆和底边 BC（包括延长线）互为反演图形，指出它们的反演中心和反演半径.

2. 证明：两条平行直线的反形圆在反演中心相切.

7.4　圆 的 反 演

定理 7.3　过反演中心的圆,它的反演图形是不过反演中心的一条直线,这条直线垂直于过反演中心的直径.不过反演中心的圆,它的反演图形是不过反演中心的一个圆.

本定理的前半部分就是定理 7.2 的后半部分的逆命题,读者可以自己证明,现在证明本定理的后半部分.

设 $\odot S(r)$ 是反演基圆,$\odot O$ 是不过反演中心 S 的一个圆,P 是 $\odot O$ 上任意一点.连接 SP,与 $\odot O$ 再相交于 Q.

在射线 SP 上截取 SP' 使 $SP' \cdot SP = r^2$,又设 S 对于 $\odot O$ 的幂 $SP \cdot SQ = t^2$,则 $\dfrac{SP' \cdot SP}{SP \cdot SQ} = \dfrac{r^2}{t^2}$,即 $\dfrac{SP'}{SQ} = \dfrac{r^2}{t^2} =$ 定值.所以 P' 和 Q 是以 S 为位似中心的位似点.而 Q 点的轨迹是 $\odot O$,因此 P' 的轨迹也是一个圆(图 7.7).

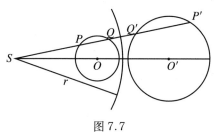

图 7.7

注意,两圆的圆心 O 和 O' 并不互为反演点.

推论 1　和反演基圆正交的圆,它的反演图形还是它自身,但圆心的反演点是公共弦的中点.

推论 2　和反演基圆同心的圆,它的反演图形还是和反演基圆同心的圆,圆心还是反演中心.

推论 3 在平面内,任何两个已知圆必定互为反演图形,并且:

(1) 如果两已知圆相交,有两个反演基圆,圆心是这两个已知圆的顺位似心和逆位似心;

(2) 如果两已知圆外切或外离,只有一个反演基圆,圆心是这两个已知圆的顺位似心;

(3) 如果两已知圆内切或内离,也只有一个反演基圆,圆心是这两个已知圆的逆位似心(图 7.8).

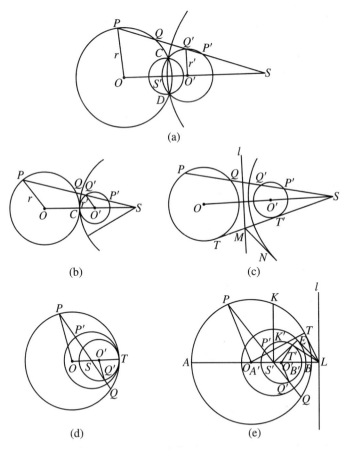

(a)

(b)   (c)

(d)   (e)

图 7.8

在图 7.8(a)中,设⊙$O(r)$和⊙$O'(r')$相交于 C、D,它们的顺位似心是 S,逆位似心是 S',过 S 任作直线顺次交两圆于 P、Q、Q'、P'. 因为 S 是顺位似心,所以 $\dfrac{SP}{SQ'} = \dfrac{r}{r'}$. 同理 $\dfrac{SQ}{SP'} = \dfrac{r}{r'}$. 由此可得 $SP \cdot SP' = SQ \cdot SQ'$,所以 P 和 P'、Q 和 Q' 是反演点. 当这条直线依逆时针方向绕着 S 旋转时,Q 和 Q' 都趋于 C 点. 根据连续原理 $SC^2 = SQ \cdot SQ'$,⊙O 和⊙O' 的一个反演基圆是以 S 为圆心而通过 C、D 两点的圆. 同理可证:⊙O 和⊙O' 的另一个反演基圆是以 S' 为圆心而通过 C、D 两点的圆.

其次,在图 7.8(b)中,容易看出,⊙O 和⊙O' 的反演基圆是以 S 为圆心而通过两圆切点 C 的圆.

再次,在图 7.8(c)中,两圆的反演基圆是以 S 为圆心、以 $\sqrt{SQ \cdot SQ'}$ 为半径的圆.

最后,图 7.8(d)的情况类似于图 7.8(b)的情况,图 7.8(e)的情况类似于图 7.8(c)的情况,两圆 O 和 O' 的反演基圆都是以逆位似心 S' 为圆心、以 $\sqrt{S'Q \cdot S'Q'}$ 为半径的圆.

为清晰起见,将点、直线和圆的反演图形列于表 7.1 中.

表 7.1

原来图形		反演后的图形	
点		点	
直线	过反演中心的直线	直线	过反演中心的原直线
	不过反演中心的直线	圆	过反演中心的圆
圆	过反演中心的圆	直线	不过反演中心的直线
	不过反演中心的圆	圆	不过反演中心的圆

【例3】　如果两个圆关于第三个圆互为反演图形,那么这三个圆是同轴圆族.

在图 7.8(a)中,显而易见,$\odot S$ 和 $\odot S'$ 都经过 $\odot O$ 和 $\odot O'$ 的交点 C、D,当然它们是同轴圆族. 在图 7.8(b)和(d)中,也不难看出,$\odot S$(或 $\odot S'$)经过 $\odot O$ 和 $\odot O'$ 的切点,所以它们也是同轴圆族. 在图 7.8(c)中,设 $\odot O$ 和 $\odot O'$ 的根轴为直线 l,过 S 作一圆的切线,必定也和另一圆相切,设切点为 T 和 T'. 直线 l 和 TT' 的交点 M 必定是 TT' 的中点,所以

$$SM = \frac{ST + ST'}{2},$$

$$MT = MT' = \frac{ST - ST'}{2}.$$

作 MN 切 $\odot S$ 于 N,连接 SN,那么 $SN = \sqrt{SQ \cdot SQ'} = \sqrt{ST \cdot ST'}$. 这样就很容易证明

$$MN^2 = SM^2 - SN^2 = \left(\frac{ST + ST'}{2}\right)^2 - ST \cdot ST'$$

$$= \left(\frac{ST - ST'}{2}\right)^2 = MT^2,$$

所以 $\odot S$ 和 $\odot O$、$\odot O'$ 是同轴圆族.

在图 7.8(e)中,设连心线 OO' 交两圆的根轴于 L,两圆的半径为 r 和 r',$OO' = d$,不难算出

$$OL = \frac{d^2 + r^2 - r'^2}{2d},$$

$$O'L = \frac{d^2 - r^2 + r'^2}{2d},$$

$$S'O = \frac{rd}{r + r'},$$

$$S'O' = \frac{r'd}{r + r'},$$

$$S'L = OL - S'O = \frac{d^2 + r^2 - r'^2}{2d} - \frac{rd}{r + r'}$$

$$= \frac{(r - r')\left[(r + r')^2 - d^2\right]}{2d(r + r')},$$

$$LT^2 = LT'^2 = OL^2 - r^2 = O'L^2 - r'^2$$

$$= \left(\frac{d^2 + r^2 - r'^2}{2d}\right)^2 - r^2$$

$$= \frac{d^4 + r^4 + r'^4 - 2d^2r^2 - 2d^2r'^2 - 2r^2r'^2}{4d^2}$$

$$= \frac{d^4 - 2d^2(r^2 + r'^2) + (r^2 - r'^2)^2}{4d^2}$$

$$= \frac{\left[d^2 - (r + r')^2\right]\left[d^2 - (r - r')^2\right]}{4d^2}.$$

为了计算 $S'E^2 = S'P \cdot S'P'$，延长 OO' 顺次交两圆于 A、A'、B'、B，又作 $S'K$ 垂直于 OO' 交两圆于 K、K'. 那么 $S'K$ 和 $S'K'$ 是两圆内过 S' 点的极小弦的一半，故得

$$S'K^2 = S'A \cdot S'B = (r + S'O)(r - S'O)$$

$$= \left(r + \frac{rd}{r + r'}\right)\left(r - \frac{rd}{r + r'}\right)$$

$$= r^2\left[1 - \frac{d^2}{(r + r')^2}\right],$$

$$S'K'^2 = S'A' \cdot S'B' = (r' + S'O')(r' - S'O')$$

$$= \left(r' + \frac{r'd}{r + r'}\right)\left(r' - \frac{r'd}{r + r'}\right)$$

$$= r'^2\left[1 - \frac{d^2}{(r + r')^2}\right],$$

所以

$$S'E^2 = S'P \cdot S'P' = S'K \cdot S'K'$$

$$= rr'\left[1 - \frac{d^2}{(r+r')^2}\right]$$

$$= \frac{rr'\left[(r+r')^2 - d^2\right]}{(r+r')^2}.$$

这样，就可以算出

$$LE^2 = S'L^2 - S'E^2$$

$$= \frac{(r-r')^2\left[(r+r')^2 - d^2\right]^2}{4d^2(r+r')^2} - \frac{rr'\left[(r+r')^2 - d^2\right]}{(r+r')^2}$$

$$= \frac{(r-r')^2\left[(r+r')^2 - d^2\right]^2 - 4d^2 rr'\left[(r+r')^2 - d^2\right]}{4d^2(r+r')^2}$$

$$= \frac{\left[(r+r')^2 - d^2\right]\left[(r-r')^2(r+r')^2 - (r-r')^2 d^2 - 4d^2 rr'\right]}{4d^2(r+r')^2}$$

$$= \frac{\left[(r+r')^2 - d^2\right]\left[(r-r')^2(r+r')^2 - d^2(r+r')^2\right]}{4d^2(r+r')^2}$$

$$= \frac{\left[(r+r')^2 - d^2\right]\left[(r-r')^2 - d^2\right]}{4d^2} = LT^2.$$

这就证明了 $\odot S'$ 和 $\odot O$、$\odot O'$ 是同轴圆.

练　习

1. 如果 $\odot A$ 和 $\odot B$ 正交，那么公共弦是 A 点关于 $\odot B$ 的极线，也是 B 点关于 $\odot A$ 的极线.

2. 如果 $\odot A$、$\odot B$ 都和 $\odot O$ 正交，并且 $\odot A$、$\odot B$ 相交于 P、Q，那么 P、Q 关于 $\odot O$ 为反演点.

3. $\odot O(r)$ 和 $\odot O'(r')$ 关于 $\odot S(R)$ 互为反演图形，S 对于 $\odot O$ 和 $\odot O'$ 的幂分别是 p^2 和 p'^2，求证：$\dfrac{r^2}{r'^2} = \dfrac{p^2}{R^2} = \dfrac{R^2}{p'^2}$.

7.5 反演变换的性质

定理 7.4 如果反演基圆是 $O(r)$，A、B 两点的反演点是 A'、B'，那么线段 $A'B'$ 的长是

$$A'B' = \frac{r^2}{OA \cdot OB} \cdot AB.$$

从图 7.3(b) 可知，$A'B' = OA' - OB'$. 但 $OA \cdot OA' = OB \cdot OB' = r^2$，所以

$$A'B' = \frac{r^2}{OA} - \frac{r^2}{OB} = r^2 \cdot \frac{OB - OA}{OA \cdot OB} = \frac{r^2}{OA \cdot OB} \cdot AB.$$

在图 7.3(a) 中，连接 AB、$A'B'$，$\triangle OAB \backsim \triangle OB'A'$，$\dfrac{A'B'}{OA'} = \dfrac{AB}{OB}$，

即 $A'B' = \dfrac{OA'}{OB} \cdot AB$. 但 $OA' = \dfrac{r^2}{OA}$，所以 $A'B' = \dfrac{r^2}{OA \cdot OB} \cdot AB.$

【例 4】 证明托勒密(Ptolemy)定理:圆内接四边形的两组对边乘积之和等于两条对角线的乘积.

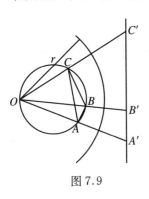

图 7.9

设 $OABC$ 为圆内接四边形(图 7.9)，以 O 为反演中心、以适当长 r 为反演半径，那么 A、B、C 的反演点 A'、B'、C' 必定在一条直线上.由定理 7.4 得

$$A'B' = \frac{r^2}{OA \cdot OB} \cdot AB,$$

$$B'C' = \frac{r^2}{OB \cdot OC} \cdot BC,$$

$$A'C' = \frac{r^2}{OA \cdot OC} \cdot AC.$$

而 $A'B' + B'C' = A'C'$，所以

$$\frac{r^2}{OA \cdot OB} \cdot AB + \frac{r^2}{OB \cdot OC} \cdot BC = \frac{r^2}{OA \cdot OC} \cdot AC,$$

两端同乘以 $\dfrac{OA \cdot OB \cdot OC}{r^2}$，立得

$$AB \cdot OC + BC \cdot OA = AC \cdot OB.$$

本题的另一证法可参看本丛书中《直线形》（毛鸿翔等著）一书.

练　习

1. 一条直线上四个定点的复比在反演变换中是一个常数（与反演中心的位置和反演半径的大小无关）.

2. 利用上题的结果,证明:在圆内接调和四角形中,对边之积相等.

3. 如果四边形 $OABC$ 不是圆内接四边形（图 7.10）,那么 $AB \cdot OC + BC \cdot OA >$ $AC \cdot OB$（托勒密定理的否命题）.

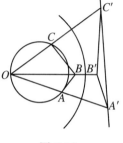

图 7.10

定理 7.5　两条曲线在交点处的交角,等于这两条曲线在交点的反演点处的交角.

所谓曲线,包括直线和圆在内.所谓曲线的交角,就是两条曲线（如果都不是直线）在交点处的切线的交角;如果两条曲线中有一条是直线,就是那一条曲线在交点处的切线和这条直线的交角.

设曲线 AB、AC 交于 A,它们的反演图形 $A'B'$、$A'C'$ 交于 A', AT、AS 和 $A'T'$、$A'S'$ 分别是 AB、AC 和 $A'B'$、$A'C'$ 的切线,过反演中心 O 作一直线 OX 和这四条曲线都相交,并设交点分别是 B、C、B'、C',如图 7.11 所示.那么 B 和 B'、C 和 C' 互为反演点,所以 A、B、A'、B' 四点共圆, A、C、A'、C' 四点也共圆,因此 $\angle OAB =$

$\angle OB'A'$，$\angle OAC = \angle OC'A'$. 将 OX 绕着 O 点旋转,使 B、C 都趋
于 A 点,B'、C' 都趋于 A' 点,那么弦 AB、AC 趋于切线 AT、AS,弦
$A'B'$、$A'C'$ 趋于切线 $A'T'$、$A'S'$. 所以 $\angle OAB$、$\angle OAC$ 分别趋于
$\angle OAT$、$\angle OAS$,$\angle OB'A'$、$\angle OC'A'$ 分别趋于 $\angle OA'T'$、$\angle OA'S'$.
但在旋转过程中,$\angle OAB$ 总等于 $\angle OB'A'$,根据连续原理,它们的极
限应当相等,就是 $\angle OAT = \angle OA'T'$. 同理 $\angle OAS = \angle OA'S'$. 两式
相减,即得 $\angle TAS = \angle T'A'S'$（但这两个角的旋转方向相反）.

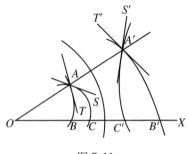

图 7.11

注意,$\angle TAS$ 和 $\angle T'A'S'$ 并不互为反演图形.

这个定理说明了反演变换具有"保角性",这个性质使得反演变
换成为几何证明和作图时的有力工具.

推论 1　相切两曲线的反演图形仍然相切,但当原切点恰是反演
中心时,所得的反演图形通过同一个无穷远点.

如果两圆在反演中心相切或一圆和一直线在反演中心相切,那
么它们的反演图形是互相平行的两条直线.

推论 2　正交两曲线的反演图形仍然正交.

如果两圆正交,那么它们的反演图形必然是下列三种情况中的
一种:或者是正交的两圆,或者是互相垂直的两直线,或者是一条直

线通过一个圆的圆心. 如果两条直线互相垂直, 那么它们的反演图形也必然是上述三种情况中的一种. 如果一条直线通过一个圆的圆心, 那么它们的反演图形仍旧必然是上述三种情况中的一种.

【**例 5**】　三圆 O_1、O_2、O_3 交于一点 P, $\odot O_1$ 和 $\odot O_2$ 的公共弦 PN 通过 O_3, $\odot O_1$ 和 $\odot O_3$ 的公共弦 PM 通过 O_2, 那么 $\odot O_2$ 和 $\odot O_3$ 的公共弦 PL 通过 O_1.

以 P 点为反演中心、以任意长为反演半径作反演变换, 那么 O_1、O_2、O_3 三个圆分别反演成直线 a、b、c (图 7.12), 它们的公共弦 PL、PM、PN 仍旧反演成这些直线本身. 因为 $\odot O_1$、$\odot O_2$ 的交点 N 在直线 PN 上, 所以 a、b 的交点 C 在直线 PN 上. 同理, a、c 的交点 B 和 b、c 的交点 A 分别在 PM 和 PL 上. 因为 PM 通过 O_2, 就是 PM 和 $\odot O_2$ 正交, 所以它们的反演图形 PM 和 b 也要正交, 或者说, BP 是 $\triangle ABC$ 的一条高. 同理, CP 也是 $\triangle ABC$ 的一条高. 这就证明了 AP 必然是 $\triangle ABC$ 的第三条高, AP 和 BC 正交, 所以它们的反演图形 PL 和 $\odot O_1$ 也要正交, 因此 PL 通过 O_1 点.

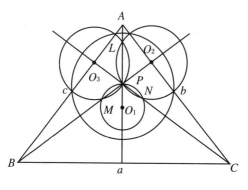

图 7.12

练　习

1. AD、BE、CF 是 $\triangle ABC$ 的三条高,相交于 H. 作 $DP \perp BE$、$DQ \perp CF$,P、Q 为垂足,如图 7.13 所示,那么以 A 为反演中心、以 $\sqrt{AH \cdot AD}$ 为反演半径时,PQ 的反演图形切 $\triangle ABC$ 的外接圆于 A 点.

2. I 是 $\triangle ABC$ 的内心,ID、IE、IF 分别垂直于 BC、CA、AB,如图 7.14 所示.求证:

(1) 以内切圆为反演基圆时,三边的反演图形分别是以 ID、IE、IF 为直径的三个圆;

(2) 这三个圆的另一交点 L、M、N 分别在 AI、BI、CI 上;

(3) 这三个圆两两相交所成的角(就是过 L、M、N 三点的三双切线所成的角)被 AI、BI、CI 所平分.

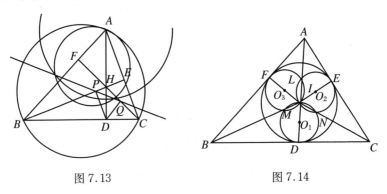

图 7.13　　　　　　　　　图 7.14

定理 7.6　如果两点关于一圆互为反演点,那么这两点经过某一反演变换后所得的另两点关于这圆经过同一反演变换后所得的圆仍旧互为反演点.

这个定理保证:两个互为反演的图形经过某一反演变换后仍旧是互为反演的图形.或者说,反演的关系经过反演后保持不变.

设 A_1、B_1 关于 $\odot O_1$ 互为反演点(图 7.15),以 $\odot O$ 为反演基圆,将 A_1、B_1 和 $\odot O_1$ 分别反演成 A_2、B_2 和 $\odot O_2$.现在要证明 A_2、B_2 关于 $\odot O_2$ 互为反演点.

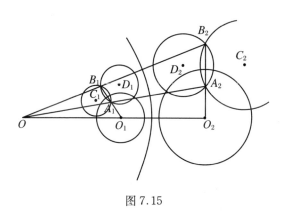

图 7.15

过 A_1、B_1 任作两圆 $\odot C_1$、$\odot D_1$,因为 A_1、B_1 关于 $\odot O_1$ 互为反演点,所以 $\odot C_1$、$\odot D_1$ 都和 $\odot O_1$ 正交(7.2 节后的练习 4).设 $\odot C_1$、$\odot D_1$ 关于反演基圆 O 的反演图形分别是 $\odot C_2$、$\odot D_2$,那么根据反演变换有保角性,$\odot C_2$ 和 $\odot D_2$ 必定都和 $\odot O_2$ 正交.由 7.4 节后的练习 2 可知,$\odot C_2$ 和 $\odot D_2$ 的交点必定关于 $\odot O_2$ 互为反演点.

【例 6】 证明:任意两圆可以反演成两个等圆.

设 $\odot C_1$、$\odot D_1$ 是任意两圆(图 7.16),因这两圆必定互为反演图形,故可求出它们的反演基圆,设为 $\odot O$.在 $\odot O$ 上任取一点 S 为反演中心,以任意长为反演半径,那么过反演中心的 $\odot O$ 反演成直线 l,不过反演中心的 $\odot C_1$ 和 $\odot D_1$ 分别反演成 $\odot C_2$ 和 $\odot D_2$.既然 $\odot C_1$

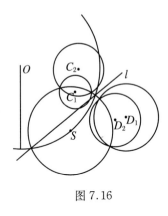

图 7.16

和 $\odot D_1$ 关于 $\odot O$ 互为反演图形,那么 $\odot C_2$ 和 $\odot D_2$ 必定关于直线 l 互为反演图形.但反演基圆化为直线时,两个互为反演的图形关于该直线为轴对称,所以 $\odot C_2$ 和 $\odot D_2$ 必然相等.

由本例题可知,将任意两圆看作反演图形,在它们的反演基圆上任取一点作为反演中心,就可以将这两圆反演成两个等圆.

练　习

1. 已知三圆,试求一点 S,使得以 S 为反演中心时可以将这三圆反演成三个等圆.

2. 已知三直线,试求一点 S,使得以 S 为反演中心时可以将这三直线反演成三个等圆.

7.6　反演变换的应用

因为反演变换能将圆变成直线,而直线的性质比圆简单,所以有些较难的问题可以通过反演变换来解,举例说明如下:

1．用反演变换解证明题

【例7】　求证:三角形的九点圆切于它的内切圆和各旁切圆.

设在 $\triangle ABC$ 中,$\odot I$ 是内切圆,$\odot J$ 是 BC 边外的旁切圆,它们分别切 BC 于 G 和 K,$\angle BAC$ 的平分线 AIJ 交 BC 于 S,如图 7.17

所示.

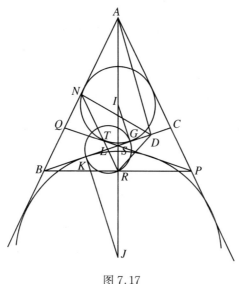

图 7.17

过 B 作 AJ 的垂线交 AJ 于 R,交 AC 的延长线于 P,连接 PS 交 AB 于 Q,容易看出 $AP = AB$,PQ 和 BC 关于 AJ 为轴对称,所以 PQ 是 $\odot I$ 和 $\odot J$ 的另一条内公切线.

现在要证明,选取适当的反演基圆后,能将 $\triangle ABC$ 的九点圆反演成 PQ,而保持 $\odot I$ 和 $\odot J$ 不变.因为相切曲线的反演图形仍旧相切,问题就可以解决了.

容易算出,$BK = CG = \dfrac{1}{2}(BC + CA - AB)$,所以 $KG = AB - AC$.因为 IG 和 JK 都垂直于 BC,所以以 KG 为直径作圆,必定和 $\odot I$ 及 $\odot J$ 正交.这个圆就是我们所要的反演基圆.

设 KG 的中点为 L,L 必定也是 BC 的中点.因为 R 是 BP 的中点,所以 $RL \parallel AP$.延长 RL 交 AB 于 N,N 也是 AB 的中点.作 AD

$\perp BC$,垂足为 D,连接 DN,并设 RN 交⊙I 于 T,由于 $RN /\!/ AP$ 以及△APQ 关于 AJ 和△ABC 为轴对称,所以∠NTQ = ∠APQ = ∠ABC.而 DN 是直角△ABD 斜边上的中线,$DN = BN$,所以∠ABC = ∠NDB,因此∠NTQ = ∠NDB = ∠NDS,N、T、S、D 四点共圆.由此可得

$$LS \cdot LD = LT \cdot LN.$$

又∠LSR = ∠BSR = $\frac{1}{2}$∠BAC + ∠ABC.而∠ADB = ∠ARB = $90°$,A、D、R、B 四点共圆,所以∠LRD = ∠LRA + ∠ARD = ∠NRA + ∠ABD = $\frac{1}{2}$∠BAC + ∠ABC,因此∠LSR = ∠LRD,由此可证△LSR∽△LRD,故得 $LS : LR = LR : LD$,即 $LS \cdot LD = LR^2$.

由此可见,以⊙L 为反演基圆,那么 S 和 D、T 和 N 是两对反演点.但△ABC 的九点圆(图中未画)就是经过 L、N、D 三点的圆,它关于⊙L 的反演图形是直线 ST,也就是 PQ.这就证明了:以⊙L 为反演基圆时,⊙I 和⊙J 保持不变,而它们的一条内公切线 PQ 反演成△ABC 的九点圆,所以九点圆必与内切圆和旁切圆相切.

练 习

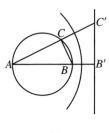

图 7.18

1. AB 是圆的直径(图 7.18),以 A 点为反演中心,证明:立于直径上的圆周角(∠ACB)是直角.

2. $OABC$ 是圆内接四边形,以 O 点为反演中心,那么圆内接四边形对角互补(参看图 7.9).

3. 设 P 为正 $\triangle ABC$ 外接圆的 $\overset{\frown}{BC}$ 上任一点(图 7.19),试以 P 为反演中心,利用 $PA = PB + PC$ 的性质,证明:在 $\triangle PB'C'$ 中,如果 $\angle B'PC' = 120°$,并且 $\angle B'PC'$ 的平分线交 $B'C'$ 于 A',那么 $\dfrac{1}{PA'} = \dfrac{1}{PB'} + \dfrac{1}{PC'}$.

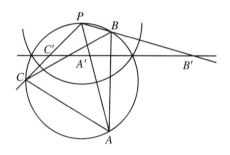

图 7.19

2. 用反演变换解作图题

【例 8】 已知两圆 $\odot O_1$、$\odot O_2$ 和一点 P,求作过 P 点且与 $\odot O_1$、$\odot O_2$ 都相切的圆.

作和两圆相切的圆较难,而作和两圆相切的直线就比较容易,因此可以利用反演变换来求解这个作图题.

设 $\odot O$ 是过 P 点且与 $\odot O_1$、$\odot O_2$ 都相切的圆,以 P 点为反演中心、以适当的长为反演半径(为了简化作图手续,最好使 $\odot O_1$、$\odot O_2$ 中有一个保持不变,图中所画的反演基圆 $\odot P$ 就是选的和 $\odot O_2$ 正交的圆),作出 $\odot O_1$ 的反演图形 $\odot O_1'$(图中 $\odot O_2$ 保持不变),再作 $\odot O_1'$ 和 $\odot O_2$ 的公切线,切两圆于 A_1 和 A_2,连接 PA_1 和 PA_2,分别交两圆于 B_1 和 B_2,如图 7.20 所示,那么过 P、B_1、B_2 的 $\odot O$ 就是所求的圆.

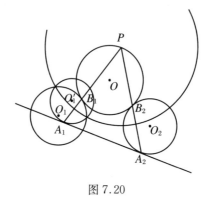

图 7.20

证明和讨论留给读者.

练　习

1. 设前面例 8 中的 $\odot O_1$ 变为直线 l（图 7.21），试用反演法求解这个作图题:"已知直线 l、圆 C 和一点 P,求作过 P 点且与直线 l 及 $\odot C$ 都相切的圆."

2. 设前面例 8 中的两个圆 O_1 及 O_2 变成两条直线 l_1 及 l_2（图 7.22），试用反演法求解这个作图题:"已知两直线 l_1、l_2 及一点 P,求作过 P 点且与直线 l_1、l_2 都相切的圆."

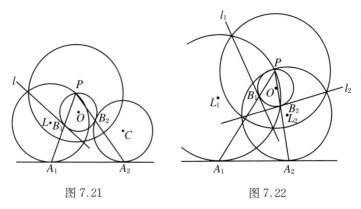

图 7.21　　　　　　　　　　　图 7.22

7.7 反 演 器

为了迅速作出一个图形的反演图形，就要用到反演器. 反演器有两种，分别介绍如下：

1. 坡塞里尔(Peaucellier)反演器

用四根同样长的棒连成一个菱形 $ABCD$，并在 B 点和 D 点接上两根一样长的棒 OB 和 OD（图 7.23），使各连接点都能够自由转动，这样一个仪器就是坡塞里尔反演器，是坡塞里尔于 1864 年创制的.

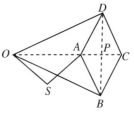

图 7.23

因为 $ABCD$ 是菱形，并且 $OB = OD$，所以这个仪器无论如何转动，O、A、C 三点永远在一条直线上. 设 AC 和 BD 的交点为 P，那么

$$OA \cdot OC = (OP - AP)(OP + PC)$$
$$= (OP - AP)(OP + AP)$$
$$= OP^2 - AP^2$$
$$= (OP^2 + PD^2) - (AP^2 + PD^2)$$
$$= OD^2 - AD^2.$$

但这个仪器转动时，各棒的长度不变，所以 $OD^2 - AD^2$ 是一个定值. 这就是说，A 点和 C 点关于以 O 为反演中心、以 $\sqrt{OD^2 - AD^2}$ 为反演半径的反演变换互为反演点. 因此，将 O 点固定在绘图板上，使 A 点沿着某个曲线移动，在 C 点就能画出这个曲线的反演图形.

要知道这个仪器的反演半径，只要将折线 BAD 拉成直线（同时

折线 BCD 也拉成直线），使 A 点重合于 C 点，这时，OA 之长就是反演半径．因此，制造这个仪器时，应将 OB、OD 两根棒做成可以在 O 点处装卸的，使用时只要调节 OB、OD 的距离就可以得到所需要的反演半径．

在 A 点处再加一根棒 SA，将 S 点也固定在绘图板上，并使 S 点到 O 点的距离等于 SA，那么 A 点只能在以 S 为圆心、以 SA 为半径的圆周上移动，而这个圆通过反演中心 O，所以在 C 点就能画出一条直线．

2. 哈特(Hart)反演器

用四根棒做成一个逆平行四边形（就是等腰梯形的两腰和两条对

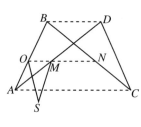

图 7.24

角线所构成的图形）$ABCD$，使 $AB = CD$，$AD = BC$，并使各连接点都能自由转动．在 AB、AD、BC 上分别取 O、M、N 三点，使这三点在平行于 AC 和 BD 的一条直线上（图 7.24），这样的一个仪器就是哈特反演器．

因为这个仪器无论如何转动，$ABCD$ 总是逆平行四边形，并且各线段都是常数，所以 $\dfrac{AO}{AB} = \dfrac{AM}{AD}$，因而 $OM \mathbin{/\!/} BD$；又 $\dfrac{BO}{AB} = \dfrac{BN}{BC}$，因而 $ON \mathbin{/\!/} AC$，所以 O、M、N 三点永远在一条直线上．设 $AO = a$，$BO = b$，那么 $\dfrac{AM}{AD} = \dfrac{OM}{BD} = \dfrac{a}{a+b}$，$\dfrac{BN}{BC} = \dfrac{ON}{AC} = \dfrac{b}{a+b}$．连接 AC、BD，则 $ACDB$ 是等腰梯形，所以必有外接圆．根根托勒密定理，$AB \cdot CD + AC \cdot BD = AD \cdot BC$，即 $AB^2 + AC \cdot BD = AD^2$，所以 $AC \cdot BD = AD^2 - AB^2$．因此

$$OM \cdot ON = BD \cdot \frac{a}{a+b} \cdot AC \cdot \frac{b}{a+b}$$

$$= AC \cdot BD \cdot \frac{ab}{(a+b)^2}$$

$$= (AD^2 - AB^2) \cdot \frac{ab}{(a+b)^2}.$$

而 AD、AB、a、b 都是常数,所以 $OM \cdot OD = $ 定值,这就证明了 M 和 N 关于以 O 点为反演中心、以 $\frac{1}{a+b}\sqrt{(AD^2-AB^2)ab}$ 为反演半径的反演变换互为反演点. 因此,将 O 点固定在绘图板上,使 M 点沿着某个曲线移动,在 N 点就能画出这个曲线的反演图形.

在 M 点加一根棒 SM,将 O 点和 S 点都固定在绘图板上,并使 S 点到 O 点的距离等于 SM,那么 M 点只能在以 S 为圆心、以 SM 为半径的圆周上移动,而这个圆通过反演中心 O,所以在 N 点就能画出一条直线.

在未发明反演器以前,要画一条直线必须先承认直尺的存在. 至于直尺是怎样制造出来的,就没有理论根据了. 有了反演器之后,才从理论上解决了制造直尺的问题,只要每根棒都是刚体,并且各点之间的距离符合条件就可以了.

练　习

1. 设坡塞里尔反演器中的菱形换成筝形,如图 7.25 所示,$AD = CD$,$AB = CB$,并且 $OD^2 - OB^2 = AD^2 - AB^2$,证明这样的反演器仍然合用.

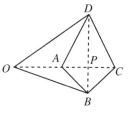

图 7.25

2. 在哈特反演器(图 7.24)中,设 $AD = p$,$AB = q$,$\frac{AO}{BO} = k$,计算这个反演器的反演半径.

《习 题 7》

1. 在双曲线式同轴圆族中,求证:两个极限点对于族中任何一圆来讲都互为反演点.

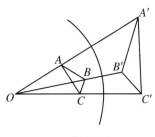

图 7.26

2. A、B、C 关于⊙O 的反演点分别是 A'、B'、C',如图 7.26 所示,求证:

$$\angle A'B'C' = \angle ABC + \angle AOC.$$

3. 试求:

(1) 三个圆可以反演成它们各圆本身的条件;

(2) 三个圆可以反演成圆心在一条直线上的另三个圆的条件.

4. 两个圆⊙O_1、⊙O_2 都和⊙O 正交,并且 O、O_1、O_2 不在一条直线上,那么连心线 O_1O_2 的反演图形是和⊙O_1、⊙O_2 都正交的圆.

5. P 和 P' 分别在⊙O_1 和⊙O_2 上,⊙O_1 和⊙O_2 关于反演中心 S 互为反演图形,P 和 P' 互为反演点,过 P 和 P' 分别作⊙O_1 和⊙O_2 的切线,相交于 K,如图 7.27 所示,那么 K 在⊙O_1 和⊙O_2 的根轴上.

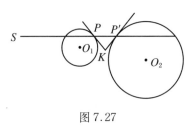

图 7.27

6. 若⊙A 和⊙B 都和⊙O 正交,那么⊙A 和⊙B 的根轴通过

⊙O 的圆心.

7. AD、BE、CF 是锐角△ABC 的三条高,相交于 H,分别以 A、B、C 为圆心,以 $\sqrt{AH \cdot AD}$、$\sqrt{BH \cdot BE}$、$\sqrt{CH \cdot CF}$ 为半径作三圆(图 7.28),那么:

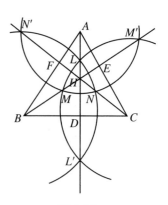

(1) 以这三个圆为反演基圆,就可以分别将以 AH、BH、CH 为直径的三圆反演成 BC、CA、AB;

(2) 这三个圆彼此正交;

(3) 这三个圆的六个交点分别在 AD、BE、CF 上.

图 7.28

8. 承上题,设 FE 和 BC 延长后交于 X,AX 交△ABC 的外接圆于 A',如图 7.29 所示,证明:

(1) A'、A、F、E 四点共圆;

(2) A'、E、C、X 四点共圆;

(3) A'、F、B、X 四点共圆;

(4) A' 和 A、E 和 F、C 和 B 是三对反演点.

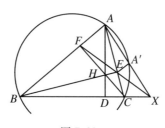

图 7.29

9. △ABC 的中点三角形是△LMN,它的切线三角形是△PQR,如图 7.30 所示,那么△LMN 的外接圆和△PQR 的外接圆关于

△ABC 的外接圆互为反演图形.

10. 用反演法证明:如△ABC 的外接圆和△ADC 的外接圆互相正交,如图 7.31 所示,那么△ABD 的外接圆和△CBD 的外接圆也互相正交.

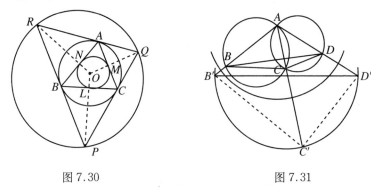

图 7.30　　　　　　图 7.31

11. 证明:同轴圆族的反演图形也是同轴圆族.

12. 以⊙O 上的一点 S 为反演中心将⊙O 反演成直线 l(图 7.32),那么圆心 O 的反演点 O' 是 S 点关于 l 的对称点.

13. 两圆相交于 A、S,SE 和 SF 是它们的直径,分别交另一圆于 C、B,如图 7.33 所示,那么直线 AS 通过△SBC 的外心.

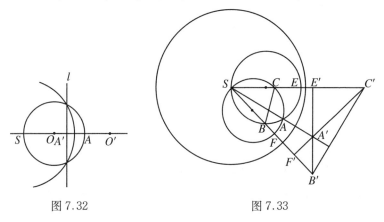

图 7.32　　　　　　图 7.33

14. 设 $\odot O$ 关于反演基圆 S 的反形圆为 $\odot O'$，O 点的反演点为 P，那么 P 点和 S 点关于 $\odot O'$ 互为反演点.

15. 用反演法证明：调和四角形的对边乘积相等.

16. 用反演法证明：弦切角等于圆弧所对的圆周角.

17. 用反演法证明：三角形的内角平分线分对边为两段，这两段的比等于和它们相邻两边的比.

18. 已知 $\triangle ABC$ 的外半径和内半径分别为 R 和 r，外心 O 到内心 I 的距离为 d，内切圆切 BC、CA、AB 分别于 D、E、F，如图 7.34 所示，以内切圆为反演基圆，证明：

(1) $\odot O$ 的反演图形是 $\triangle DEF$ 的九点圆；

(2) $\dfrac{1}{R+d} + \dfrac{1}{R-d} = \dfrac{1}{r}$（欧拉公式）.

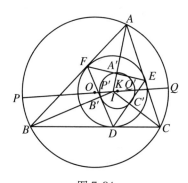

图 7.34

1. P 是 $\triangle ABC$ 内任意一点,作 $\angle BAP_1 = \angle CAP$,并使 $AP_1 = AP$,又作 $\angle CBP_2 = \angle ABP$,并使 $BP_2 = BP$,又作 $\angle ACP_3 = \angle BCP$,并使 $CP_3 = CP$,如图 F1 所示,那么 P、P_1、P_2、P_3 四点在同一圆周上.

2. $ABCD$ 是圆内接四边形,弦 $AF \parallel BD$,弦 $DE \parallel AC$,如图 F2 所示,那么弦 $EF \parallel BC$.

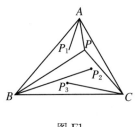

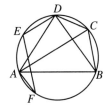

图 F1   图 F2

3. P 是 $\triangle ABC$ 外接圆周上任意一点,弦 $PA' \parallel BC$,弦 $PB' \parallel CA$,弦 $PC' \parallel AB$,如图 F3 所示,那么:

(1) 弦 $AA' \parallel$ 弦 $BB' \parallel$ 弦 CC';

(2) $\triangle ABC \cong \triangle A'B'C'$.

4. 在 $\triangle ABC$ 中,AD 是 $\angle BAC$ 的平分线,过 A 和 D 作圆切 BC 于 D,分别交 AB 和 AC 于 P 和 Q,如图 F4 所示,那么 $PQ \parallel BC$.

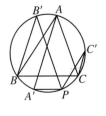

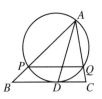

图 F3   图 F4

5. 在 △ABC 中, AB = AC, ∠ABC 和
∠ACB 的平分线分别交△ABC 的外接圆于 D 和
E, BD 和 CE 又相交于 F, 如图 F5 所示, 那么
AEFD 是菱形.

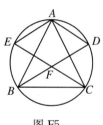

6. 在圆内接六边形(不一定是凸六边形)
ABCDEF 中, 若 AB // DE, BC // EF, 如图 F6 所
示, 则 CD // FA.

图 F5

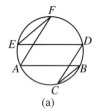

(a)

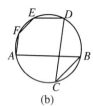

(b)

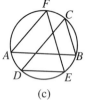

(c)

(d)

图 F6

7. 在△ABC 中, ∠ACB = 90°, 以 BC 为直径作圆交 AB 于 E, 又
F 为 AC 的中点, 如图 F7 所示, 那么 EF 切于 ⊙BEC.

8. 在直角△ABC 中, 分别以斜边 BC 和一条直角边 AB 为边作
正方形 BCDE 和正方形 ABFG, EA 和 FC 延长后交于 P, 如图 F8 所
示, 那么以 FP 为直径的圆切于 EP.

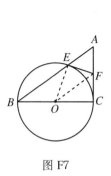

图 F7

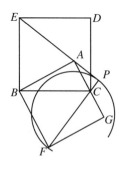

图 F8

9. 两条直线 $l_1 /\!/ l_2$, 它们的公垂线交直线 l_1 于 M, 交直线 l_2 于 N, 任作一圆 O 切直线 l_1 于 M, 交直线 l_2 于 A、B, 如图 F9 所示, 那么过 A(或 B)而切于 ⊙O 的直线亦必切于 ⊙M(MN).

10. 两圆 O_1 和 O_2 互相外切, 如图 F10 所示, 那么以 O_1O_2 为直径的 ⊙O 必定和 ⊙O_1 及 ⊙O_2 的外公切线 T_1T_2 相切.

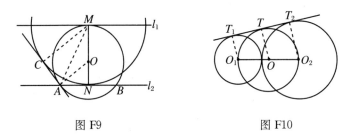

图 F9　　　　　　　　　　　图 F10

11. AB 和 CD 是 ⊙O_1 和 ⊙O_2 的外公切线, A、B、C、D 是切点; EF 和 GH 是这两圆的内公切线, E、F、G、H 是切点; 这四条公切线相交于 K、L、M、N, 如图 F11 所示, 那么:

(1) A、B、C、D 四点共圆;

(2) E、F、G、H 四点共圆;

(3) K、L、M、N 四点共圆;

(4) 这三个圆的圆心都是线段 O_1O_2 的中点.

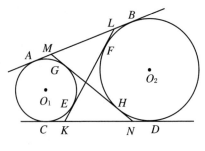

图 F11

12. 以平行四边形的各边为直径作圆,如图 F12 所示,那么所作的四个圆一定有两个公切圆.

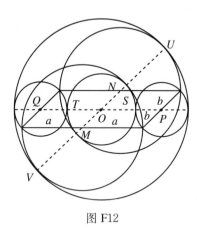

图 F12

13. 两圆相交或外离,连心线交一圆于 A、B,交另一圆于 C、D,外公切线 PQ 切两圆于 P、Q,如图 F13 所示,那么 $PQ^2 = AC \cdot BD$. 如果两圆外切,能得到什么结论?

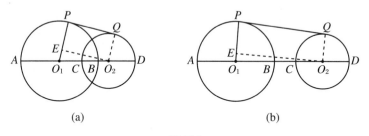

(a)　　　　　　　　　　(b)

图 F13

14. 在 $\triangle ABC$ 中,$AB > AC$,以 AB、AC 为直径作两圆 $\odot E$、$\odot D$,又以 BC 的中点 M 为圆心、以 $\frac{1}{2}(AB - AC)$ 为半径作 $\odot M$,如图 F14 所示,那么 $\odot M$ 与前两圆相切.

15. $\triangle ABC$ 的内切圆 I 分别切 AB、AC 于 Z、Y,AI 交内切圆于

K、K',如图 F15 所示,那么 K 和 K' 是△AZY 的内心和一个旁心.

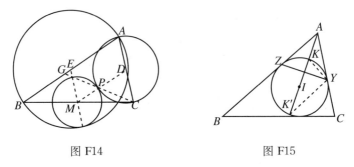

图 F14　　　　　　　　图 F15

16. 三圆 P、Q、R 两两外切于 A、B、C,AB、AC 分别交⊙P 于 D、E,如图 F16 所示,那么以 PD 和 PE 为直径的圆互相外切,并且和 ⊙P 内切.

17. 三角形两底角之差如为 $90°$(图 F17),那么底边上的高必切 于外接圆.

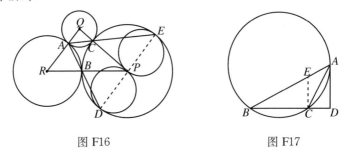

图 F16　　　　　　　　图 F17

18. 在△ABC 中,内切圆切 BC 于 D(图 F18),那么△ABD 和 △ACD 的内切圆互相外切.

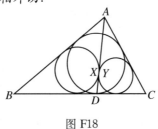

图 F18

19. PA 切 $\odot O$ 于 A，PO 延长后交 $\odot O$ 于 B，PC 是 $\angle APB$ 的平分线，交 AB 于 C，如图 F19 所示，求 $\angle PCA$ 的度数.

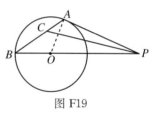

图 F19

20. 直线 PCD 交 $\odot O$ 于 C 和 D，$\odot A$ 和 $\odot B$ 都经过 P 点，并且分别和 $\odot O$ 相切于 C 和 D，如图 F20 所示，那么 $\odot O$ 的直径等于 $\odot A$、$\odot B$ 的直径的差.

21. 过四边形 $ABCD$ 的各顶点作直线，轮回相交于 E、F、G、H，如图 F21 所示，若 $EA = EB$，$FB = FC$，$GC = GD$，$HD = HA$，那么四边形 $EFGH$ 有内切圆，四边形 $ABCD$ 有外接圆，并且这两个圆是同心圆.

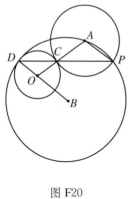

图 F20

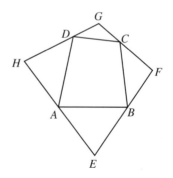

图 F21

22. 在 $\triangle ABC$ 中，内切圆切 AB 于 Z，BC 边外的旁切圆切 AB 的延长线于 Z_1（参看图 4.10）. 如果 $AZ_1 = 3AZ$，那么 $\triangle ABC$ 的三边长成等差数列.

23. 在 $\triangle ABC$ 中，三个旁切圆分别切 BC、CA、AB 于 X'、Y'、Z'，如图 F22 所示，那么过 X'、Y'、Z' 分别作 BC、CA、AB 的垂线，

必定相交于一点 P.

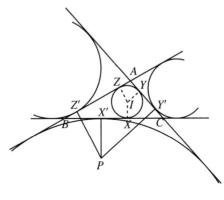

图 F22

24. $\triangle ABC$ 的内切圆(或旁切圆)分别切 BC、CA、AB(或延长线)于 X、Y、Z(或 X_1、Y_1、Z_1),如图 F23 所示,那么 AX、BY、CZ 三线共点[连接三角形各顶点和内切圆切点的三条线的交点叫作三角形的葛尔刚讷(Gergonne)点. 连接三角形各顶点和旁切圆切点的三条线的交点叫作三角形的奈格尔(Nagel)点 *,每个三角形有四个奈格尔点].

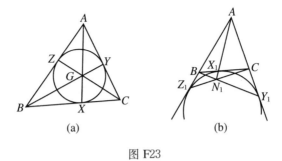

图 F23

* 此处奈格尔点的定义系根据日本根津千治所说,见高季可编《几何难题分类解义》,中华书局 1946 年版.

25. 在△ABC 中,AD 是高,AE 是外接圆的直径,∠BAC 的平分线交 BC 于 K,交外接圆于 M,如图 F24 所示,那么:

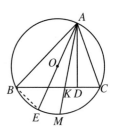

图 F24

(1) ∠BAE = ∠CAD,∠BAD = ∠CAE;

(2) AM 平分∠DAE;

(3) ∠DAE = |∠C - ∠B|;

(4) 连接 EK 和 MD 必相交于外接圆上.

26. AD 是△ABC 的外直径,BC 交切线 PD 于 P,PO 交 AB、AC 于 E、F,如图 F25 所示,那么 OE = OF.

27. ABCD 是正方形,E 是 CD 的中点,以 A 为圆心、以 AB 为半径作弧,又以 BC 和 CE 为直径作两圆,如图 F26 所示,那么:

(1) 以 CE 为直径的圆和 $\overset{\frown}{BD}$ 相切;

(2) 这两圆的交点 P 在 $\overset{\frown}{BD}$ 上.

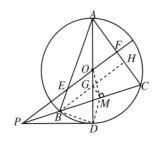

图 F25

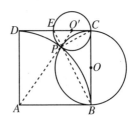

图 F26

28. △ABC 是正三角形,D、E 分别是 AB、AC 的中点,以 AD 为直径作圆交 AC 于 F,以 EF 为直径作圆交⊙ADF 于 G,如图 F27 所示,那么:

(1) 这两个圆都和以 B 为圆心、以 AB 为半径的圆相切;

(2) B、D、G、E、C 五点共圆.

29. 在一个矩形铁片内剪去一个直角扇形,余料恰可剪成两个半圆,如图 F28 所示.设 $AD = a$,求 AB.

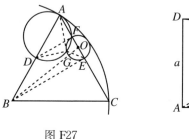

图 F27

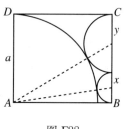

图 F28

30. 在扇形 OAB 中,$\angle AOB = 90°$,$\odot M$ 内切于这个扇形,$\odot P$ 切于 OA、$\overset{\frown}{AB}$ 及 $\odot M$,$MN \perp OP$,如图 F29 所示,那么 MN、ON、OM 成等差数列.

31. 在 $\triangle ABC$ 中,BC 的垂直平分线 MN 交 AB 于 N,PA 和 PC 分别切 $\triangle ABC$ 的外接圆于 A 和 C,如图 F30 所示,那么 $PN /\!/ BC$.

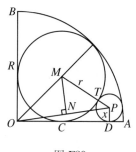

图 F29

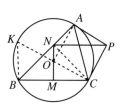

图 F30

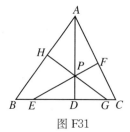

图 F31

32. AD 是 $\triangle ABC$ 的一条高,P 是 AD 上的任意一点,过 P 作 $EF \perp AC$ 分别交 BC、AC 于 E、F,又作 $GH \perp AB$ 分别交 BC、AB 于 G、H,如图 F31 所示,那么:

(1) B、H、F、C 四点共圆;

(2) E、G、F、H 四点共圆.

33. 在△ABC 中,以 AB 为直径作圆交 BC 于 H,交∠BAC 的平分线于 D,作 CK⊥AD,垂足为 K,又设 M 为 BC 的中点,如图 F32所示,那么 D、M、K、H 四点共圆.

34. 在△ABC 各边上向外分别作△BCD、△CAE、△ABF,如图F33 所示,使∠D + ∠E + ∠F = π,那么⊙BCD、⊙CAE、⊙ABF 交于一点 P.

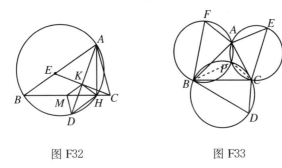

图 F32　　　　　　　　　　　图 F33

35. △ABC 是正三角形,P 是它外接圆$\overgroup{BC}$上的任意一点,BP 和CP 分别交 AC 和 AB 的延长线于 E 和 D,如图 F34 所示,那么∠D =∠CBE,∠E = ∠BCD.

36. 在△ABC 中,AD 是角平分线,交 BC 于 D,DE∥AB,AE切△ABC 的外接圆于 A,如图 F35 所示,那么 ADCE 是等腰梯形.

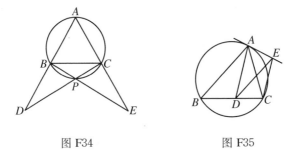

图 F34　　　　　　　　　　　图 F35

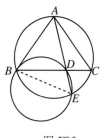

图 F36

37. 在△ABC 中,AB = AC,过 A 点任作直线交 BC 于 D,交△ABC 的外接圆于 E,如图 F36 所示,那么⊙BDE 必与 AB 相切.

38. 从圆心 O 向任意直线作垂线,垂足为 M.过 M 任作两割线交⊙O 于 A、B 及 C、D,AD 和 BC 与 OM 的垂线分别相交于 E 和 F,如图 F37 所示,那么 ME = MF.

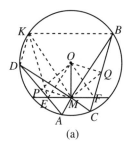

(a)

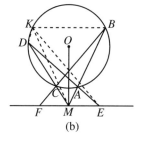

(b)

图 F37

39. ABCD 是圆内接四边形,对角线 AC⊥BD,并相交于 P,如图 F38 所示,求证:

（1）过 P 点而垂直于一边的直线必定平分对边,过 P 点而平分一边的直线必定垂直于对边;

（2）四条边的中点和从 P 点向各边所作垂线的垂足,八点共圆［婆罗摩笈多（Bramagupta)定理,这圆叫作八点圆].

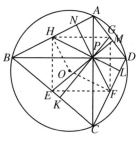

图 F38

40. 上题可以推广如下:如果圆内接四边形的一组对边互相垂直（图 F39),那么从这组对边的交点到任何一条边的垂线必定平分对边,从这交点到任何一条对角线的垂线必定平分另一条对角线;逆命题也成立.并且也有八点圆.

41. 圆内接四边形的对角线如果互相垂直,那么圆心到一条边的距离等于对边的一半(参看图 F38).本题也能仿照第 40 题的办法推广吗(参看图 F39)?

42. 四边形的对角线互相垂直,过对角线交点作四条直线分别垂直于各边,且与各对边相交,如图 F40 所示,那么四个垂足和四个交点八点共圆.

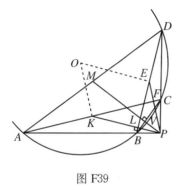

图 F39

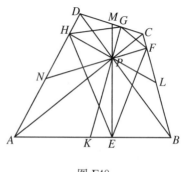

图 F40

43. ABCD 是圆内接四边形,对角线交于 P 并将 ABCD 分成四个三角形,如图 F41 所示,那么过 P 点作一个三角形的高(如 PE),它的延长线必定通过对面的三角形的外心(如 O_2).这是婆罗摩笈多定理的另一种推广.

44. 已知条件同上题,并设 H_1、H_2 分别是△PAD、△PBC 的垂心,O_1、O_2 分别是△PAD、△PBC 的外心,那么 H_1、H_2、O_1、O_2 四点共圆.

45. 在四边形 ABCD 中,AB 与 DC 延

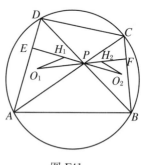

图 F41

长后交于 E，AD 与 BC 延长后交于 F，如图 F42 所示，那么 $\triangle ABF$、
$\triangle ADE$、$\triangle BCE$、$\triangle DCF$ 的四个外接圆交于一点 M，并且这四个圆的
圆心和 M 点五点共圆.

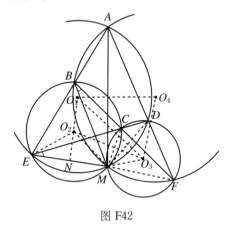

图 F42

46. P 是 $\triangle ABC$ 外接圆周上的任意一点，$PL \perp BC$，$PM \perp CA$，
$PN \perp AB$，L、M、N 是垂足，如图 F43 所示，那么 L、M、N 三点共线
[该线叫作西摩松（Simson）线，但实际上是华莱士（Wallace）于 1797
年首先发现的].

47. 上题中的 PL、PM、PN 如果不垂直于 $\triangle ABC$ 的各边，但与
$\triangle ABC$ 的各边成等角，$\angle PLB = \angle PMA = \angle PNB$，如图 F44 所示，
那么 L、M、N 三点仍然共线[卡塔兰（Catalan）定理].

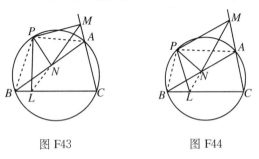

图 F43　　　　　　　　　图 F44

48. PA、PB、PC 是一个圆内的三条弦,分别以 PA、PB、PC 为直径作圆,这三圆又两两相交于 L、M、N 三点,如图 F45 所示,那么 L、M、N 三点共线[沙尔孟(Salmon)定理].

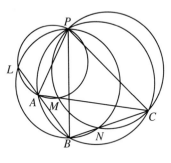

图 F45

49. 以圆内接四边形 $ABCD$ 的各边为弦任作四圆,这四圆再相交于 A'、B'、C'、D',如图 F46 所示,那么 A'、B'、C'、D' 四点或共圆,或共线.

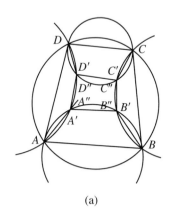

(a)

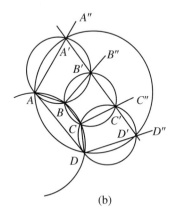

(b)

图 F46

50. 四圆轮回相切于 A、B、C、D,如图 F47 所示,那么 A、B、C、D 四点或共圆,或共线.

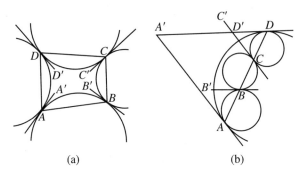

(a)　　　　　　　　　　(b)

图 F47

51. 用纯几何的方法证明:圆内接正六边形一边的平方加上圆内接正十边形一边的平方等于圆内接正五边形一边的平方(图 F48).

52. 过□$ABCD$ 的顶点 A 任作一圆分别交 AB、AC、AD 于 E、F、G,如图 F49 所示,那么 $AE \cdot AB + AG \cdot AD = AF \cdot AC$.

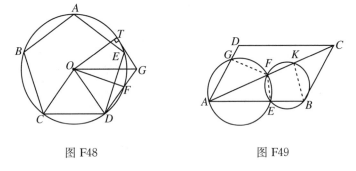

图 F48　　　　　　　　　　图 F49

53. G 是△ABC 的重心,过 A 和 G 作一圆切中线 BE 于 G,中线 CG 交此圆于 K,如图 F50 所示,那么 $AG^2 = CG \cdot GK$.

54. 在△ABC中，AM是BC边上的中线，AD是∠BAC的平分线，过A、M、D三点作一圆交AB于E，交AC于F，如图F51所示，那么BE＝CF.

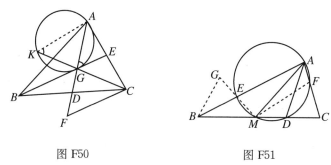

图 F50   图 F51

55. 过△ABC的顶点A作圆，交BC于D和E，又交AB于F，交AC于G，如图F52所示.如果∠BAD＝∠CAE，那么 $\dfrac{BD \cdot BE}{CD \cdot CE} = \dfrac{AB^2}{AC^2}$.

56. AB是半圆的直径，C是半圆上任一点，CD⊥AB，以AD和BD为直径在半圆ACB内再作两个小半圆，又作这两个小半圆的公切线EF，E和F是切点，如图F53所示，那么：

(1) $CD^2 = EF^2$；

(2) CEDF是矩形；

(3) A、E、C在一条直线上，B、F、C在一条直线上；

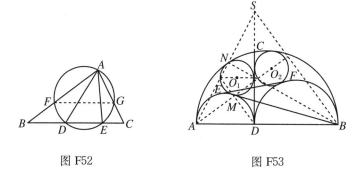

图 F52   图 F53

(4) 作曲边三角形 ACD 和 BCD 的内切圆 $\odot O_1$ 和 $\odot O_2$,那么这两圆相等,并且它们的直径都等于 $\dfrac{AD \cdot BD}{AB}$;

(5) 设 $\odot O_1$ 和半圆 AED 相切于 M,那么过 M 点的公切线必定通过 B 点.

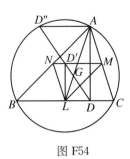

图 F54

57. $\triangle LMN$ 是 $\triangle ABC$ 的中点三角形,G 是重心,$AD \perp BC$,DG 交 MN 于 D',交 $\triangle ABC$ 的外接圆于 D'',如图 F54 所示,那么 $GD' = \dfrac{1}{2} GD$,$GD = \dfrac{1}{2} GD''$,且 $AD'' \perp AD$,$LD' \perp MN$.

58. 证明:

(1) 三角形的垂足三角形的内切圆和原三角形的外接圆的位似心在原三角形的欧拉线上;

(2) 三角形的切线三角形的外接圆和原三角形的九点圆的位似心也在原三角形的欧拉线上(图 F55).

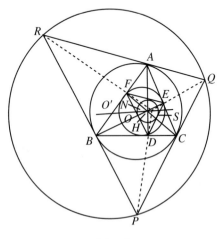

图 F55

59. AB 是 $\odot O$ 的直径,C 是圆周上的任意一点,$CD \perp AB$,以 C 为圆心、以 CD 为半径作圆,交 $\odot O$ 于 E、F,如图 F56 所示,那么 EF 平分 CD.

60. M 为 $\overset{\frown}{AB}$ 的中点,C 为圆周上的任意点,如图 F57 所示,那么 $AC \cdot BC + CM^2 = AM^2$.

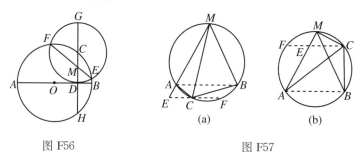

图 F56

(a)　　　　(b)

图 F57

61. $\triangle ABC$ 的内心为 I,三边的长为 a、b、c,那么:

(1) $\dfrac{AI^2}{AB \cdot AC} = \dfrac{p - a}{p}\left(p = \dfrac{a + b + c}{2}\right)$;

(2) $\dfrac{AI^2}{bc} + \dfrac{BI^2}{ca} + \dfrac{CI^2}{ab} = 1$.

62. 以三角形的各边为直径作圆,从相对的顶点作切线,得到六个切点,如图 F58 所示,那么这六个切点共圆.

63. 四边形 $ABCD$ 外切于 $\odot O$,M、N 分别为对角线 AC、BD 的中点,如图 F59 所示,那么 M、O、N 三点共线.

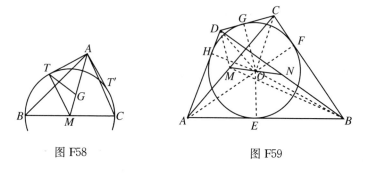

图 F58　　　　　　　图 F59

64. A、B、C 在一条直线上,AD、BE、CF 分别切 $\odot O$ 于 D、E、F,如图 F60 所示,那么
$$\overline{AD}^2 \cdot \overline{BC} + \overline{BE}^2 \cdot \overline{CA} + \overline{CF}^2 \cdot \overline{AB} + \overline{AB} \cdot \overline{BC} \cdot \overline{CA} = 0.$$

65. A、B、C 是圆的直径 MN 上任意三点,AD、BE、CF 都垂直于 MN 并分别和圆相交于 D、E、F,如图 F61 所示,那么
$$\overline{AD}^2 \cdot \overline{BC} + \overline{BE}^2 \cdot \overline{CA} + \overline{CF}^2 \cdot \overline{AB} - \overline{AB} \cdot \overline{BC} \cdot \overline{CA} = 0.$$

注意,以上两题都由斯图尔特定理膨胀而来,即以 A、B、C 三对点对于圆的幂代替这三点到圆心的距离.

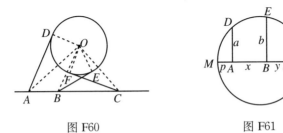

图 F60　　　　　　　　　图 F61

66. 一点对两个定圆的幂的比等于这两个圆的半径的平方比,那么它的轨迹是这两个定圆的相似圆(阿波罗尼斯圆定理之膨胀)(图 F62).

67. 在 $\triangle ABC$ 中,B、C 两点关于定比 $\dfrac{AB}{AC}$ 的阿波罗尼斯圆,C、A 两点关于定比 $\dfrac{BC}{AB}$ 的阿波罗尼斯圆以及 A、B 两点关于定比 $\dfrac{AC}{BC}$ 的阿波罗尼斯圆,这三个圆叫作 $\triangle ABC$ 的三个阿波罗尼斯圆(图 F63),那么三角形的三个阿波罗尼斯圆是同轴圆.

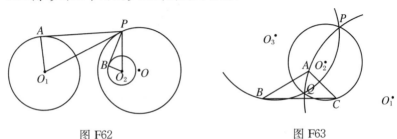

图 F62　　　　　　　　　图 F63

68."三角形的三个阿波罗尼斯圆是同轴圆."将这个命题中的三角形的顶点膨胀成三个圆(图 F64),能得到什么结论?

69. $ABCD$ 是圆内接四边形,AB、DC 延长后交于 E,AD、BC 延长后交于 F,如图 F65 所示,那么 EF 叫作圆内接四边形的第三对角线,求证:以圆内接四边形的第三对角线为直径的圆与原圆正交.

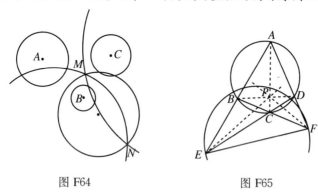

图 F64　　　　　　　　　图 F65

70. 已知双曲式同轴圆族中的两圆 O、O' 和它们的极限点 P、Q,如图 F66 所示,证明:

(1) 每一个极限点对于两圆的极线相同;

(2) 过一条内公切线和一条外公切线的交点作连心线的垂线,必通过一个极限点;

(3) 在这两圆之一的圆周上,取一个外公切线的切点和一个内公切线的切点相连,所得直线必定通过一个极限点.

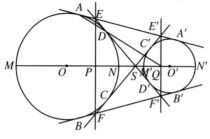

图 F66

71. 以完全四边形的三条对角线为直径的三圆是同轴圆(图F67).

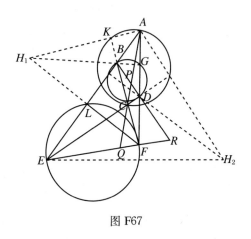

图 F67

72. 由圆心到两点的距离与由其中一点至另一点的极线的距离成正比例(沙尔孟定理)(图F68).

73. 过△ABC 的各顶点作它的外接圆的切线,两两相交于 P、Q、R 三点,如图 F69 所示,那么△ABC 的莱莫恩轴(见习题5的第11题)和△PQR 的奈格尔点(见前面的第24题)互为配极图形.

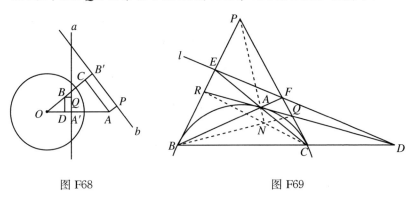

图 F68   图 F69

74. 以 △ABC 的底边 BC 为直径作圆,交 AC、AB 于 E、F,交 BC 边上的高 AD 于 K,过 K 作此圆的切线,交 BC 的延长线于 P,如图 F70 所示,那么 F、E、P 三点共线.

75. 从 P 点向 △ABC 的各边作垂线 PD、PE、PF,过垂足 D、E、F 作圆,与各边再相交于 D′、E′、F′,如图 F71 所示,那么过 D′、E′、F′ 作各边的垂线必交于一点.

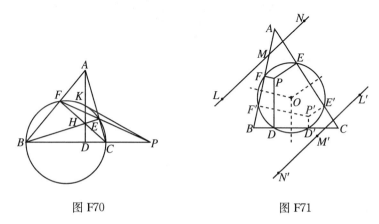

图 F70　　　　　　　　图 F71

76. 在 △ABC 中,∠C = 90°,AD⊥AB,BE⊥AB,BC 交 AD 于 D,AC 交 BE 于 E,又 AB 的中点为 O,FG⊥OC 交 AB 于 F,如图 F72 所示,分别交 AD、BE 于 G、H,那么 D、E、F 三点共线.

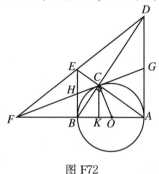

图 F72

77. $\triangle ABC$ 的外接圆、九点圆和它的切线三角形的外接圆,三圆同轴(参看习题 7 第 9 题图 7.30).

78. $ABCD$ 为圆内接四边形,以 A 为反演中心将 $\odot BCD$ 反演成直线.设 B'、C'、D' 分别为 B、C、D 的反演点,如图 F73 所示,在 $\triangle AB'D'$ 中,应用斯图尔特定理及反演法证明:

$$\frac{BD}{AC} = \frac{AB \cdot BC + AD \cdot CD}{AB \cdot AD + BC \cdot CD}.$$

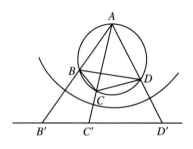

图 F73

79. 设四边形 $ABCD$ 既有外接圆 $O(R)$,又有内切圆 $I(r)$,$OI = d$,$\odot I$ 切 AB、BC、CD、DA 于 E、F、G、H,EG 与 FH 相交于 K,如图 F74 所示,求证:

(1) $EG \perp FH$;

(2) 如果以 $\odot I$ 为反演基圆,那么 $\odot O$ 的反演图形是四边形 $EFGH$ 的八点圆(八点圆见前面第 39 题);

(3) 这个八点圆是 I、K 两点关于定值 r^2 的定和幂圆(若点圆 A' 是 I、K 两点关于定值 r 的定和幂圆,则只要 $IA'^2 + KA'^2 = r^2$ 即可);

(4) $\dfrac{1}{(R+d)^2} + \dfrac{1}{(R-d)^2} = \dfrac{1}{r^2}$.

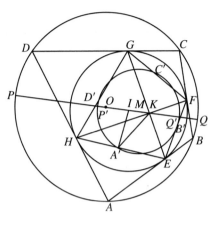

图 F74

80. 已知两圆为另两圆的反演图形,那么同时切于三个圆的圆也一定和第四个圆相切(这是由"任两点为另两点的反演点,那么这四点共圆"膨胀而得的)(图 F75).

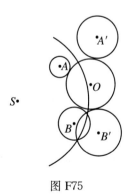

图 F75

习题、总复习题的答案或提示

习 题 1

1. 先证 $\overset{\frown}{AB} = \overset{\frown}{CD}$，再证 $\overset{\frown}{ABD} = \overset{\frown}{CDB}$.

2. $AD = BC$.

3. $\overset{\frown}{AE} = \overset{\frown}{BF} > \overset{\frown}{EF}$. 连接 AE 和 EF，由 $AE > AC$，得 $AE > EF$.

4. $\overset{\frown}{AE} = \overset{\frown}{BF} < \overset{\frown}{EF}$. 连接 OA，在 $\triangle OAD$ 中，OC 是中线，$OC = OD$，易证 $\angle AOC < \angle DOC$.

5. 注意 $\angle BAD < \angle B'A'D'$.

6. 连接 MO，必定垂直平分 AB 且平分 $\overset{\frown}{AB}$.

7. 过 O 作 CE 和 DF 的公垂线 MN，再作 $OP \perp AB$，那么 $POMC$ 和 $POND$ 都是矩形.

8. 作 $OC \perp PA$，$OD \perp PB$，证明 $\triangle PCO \cong \triangle PDO$.

9. 作 $OM \perp AB$，$ON \perp CD$，证明 $\triangle PMO \cong \triangle PNO$.

习 题 2

1. 连接 BD，交 AC 于 O，证明 $\triangle AOE$、$\triangle AOG$、$\triangle BOF$、$\triangle DOH$ 是全等三角形.

2. 易证 $EFGH$ 是矩形，矩形的对角线相等且互相平分.

3. 先证 $\triangle ABM \cong \triangle NCA$，由此可得 $\angle BAM = \angle CNA$，所以

$AM \perp AN$.

4. 先证△BEM≌△ADM,由此可得 $EM \perp DM$.

5. 延长 FP 交 AB 于 H,证明△AHP≌△FPE.

6. 连接 OT,证明$\angle OAT = \angle OTA = \angle TAC$.

7. 连接 OM、OP,先证△OAM≌△OPM,再由$\angle C = 90° - \angle B$ 及$\angle MPC = 180° - 90° - \angle OPB$,可得$\angle C = \angle MPC$.

8. 连接 OA、OC,则$\angle D = 64°$.

9. 连接 CE、CD,先证 D、C、E 三点共线.

10. 连接 OO',则 OO'垂直平分 MN 及 EF.

11. M、C、D 三点趋于同一点 E,N 趋于 F.

12. 证明 $DB = DI$,$EC = EI$.

13. 证明以 BD 为直径的圆过点 A,且圆心在 AC 上.

14. $(\sqrt{2} - 1)R$.

15. $(8 - 2\sqrt{2})R$.得到一个等比数列.

16. 证明 $C_1 D_2$ 和 $C_2 D_1$ 关于连心线成轴对称.当且仅当两圆 O_1、O_2 相等时,O 点在无穷远处.

17. $\dfrac{R}{3}$.

习　题　3

1. 连接 AG,证$\angle EAF = \angle B = \angle AGB = \angle GAF$.或证$\dfrac{1}{2}\overset{\frown}{EG} = \overset{\frown}{EF}$.

2. 先证 $OE = AE$,再证△AOE 为正三角形.

3. $\angle APB$ 的度数 $= \dfrac{1}{2}(\overset{\frown}{AB} + \overset{\frown}{CD})$ 的度数,$\angle AQB$ 的度数 $=$

$\frac{1}{2}(\overset{\frown}{AB} - \overset{\frown}{CD})$ 的度数.

4. 作直径 PN，证 $\angle P = \angle MOP$ 及 $\overset{\frown}{AP} = \overset{\frown}{BN} = \frac{1}{2}\overset{\frown}{NQ}$.

5. $\angle P$ 的度数 $= \frac{1}{2}(\overset{\frown}{AB} + \overset{\frown}{AC})$ 的度数，$\angle Q$ 的度数 $= \frac{1}{2}(\overset{\frown}{AB} - \overset{\frown}{AC})$ 的度数.

6. $\angle AXE$ 的度数 $= \frac{1}{2}(\overset{\frown}{AE} + \overset{\frown}{BD})$ 的度数，$\angle CYE$ 的度数 $= \frac{1}{2}(\overset{\frown}{CE} + \overset{\frown}{BF})$ 的度数，$\angle AZC$ 的度数 $= \frac{1}{2}(\overset{\frown}{AC} + \overset{\frown}{DF})$ 的度数.

7. $\angle ABM$ 的度数 $= \frac{1}{2}(\overset{\frown}{AC} + \overset{\frown}{CM})$ 的度数，$\angle BDM$ 的度数 $= \frac{1}{2}(\overset{\frown}{AC} + \overset{\frown}{BM})$ 的度数，余同理.

8. $\angle P$ 的度数 $= \frac{1}{2}(\overset{\frown}{AB} - \overset{\frown}{AC})$ 的度数，$\angle Q$ 的度数 $= \frac{1}{2}(\overset{\frown}{BC} - \overset{\frown}{AB})$ 的度数，$\angle R$ 的度数 $= \frac{1}{2}(\overset{\frown}{BC} - \overset{\frown}{AC})$ 的度数.

9. (1) $\angle P$ 的度数 $= \frac{1}{2}(\overset{\frown}{AmB} - \overset{\frown}{AQB})$ 的度数，$\angle Q$ 的度数 $= \frac{1}{2}\overset{\frown}{AmB}$ 的度数，$\angle A$ 的度数 $= \frac{1}{2}\overset{\frown}{AQ}$ 的度数，$\angle B$ 的度数 $= \frac{1}{2}\overset{\frown}{BQ}$ 的度数.

(2) $\angle P = 180° - 2\angle Q$.

10. 证法 1　在图 3.35(a) 中，由 $\angle AEH = \angle DEH$ 得 $\overset{\frown}{AH} - \overset{\frown}{BG} = \overset{\frown}{DH} - \overset{\frown}{CG}$，又由 $\angle AFL = \angle BFL$ 得 $\overset{\frown}{AL} - \overset{\frown}{DK} = \overset{\frown}{BL} - \overset{\frown}{CK}$. 两式移项后得 $\overset{\frown}{AH} + \overset{\frown}{CG} = \overset{\frown}{DH} + \overset{\frown}{BG}$ 及 $\overset{\frown}{AL} + \overset{\frown}{CK} = \overset{\frown}{BL} + \overset{\frown}{DK}$，相加，得 $\overset{\frown}{LH} + \overset{\frown}{GK} = \overset{\frown}{LG} + \overset{\frown}{HK}$，由此可证 $\angle EOF = \angle FOH$. 图 3.35(b) 同理.

证法 2 在图 3.35(a) 中,先证 $\overset{\frown}{AH} + \overset{\frown}{CG} = \overset{\frown}{DH} + \overset{\frown}{BG}$,两端各加 $\overset{\frown}{CD}$,得 $\overset{\frown}{AH} + \overset{\frown}{DG} = \overset{\frown}{CH} + \overset{\frown}{BG}$,由此可证 $\angle FPQ = \angle FQP$.图 3.35(b) 同理.

11. 由 $\angle DLE = \angle CGF$ 可得 $\overset{\frown}{CD} + \overset{\frown}{CE} + \overset{\frown}{AF} = \overset{\frown}{CD} + \overset{\frown}{DF} + \overset{\frown}{BE}$,所以 $\overset{\frown}{AF} - \overset{\frown}{BE} = \overset{\frown}{DF} - \overset{\frown}{CE}$,由此可得 $\angle APF = \angle DQF$.再将上式两端消去 $\overset{\frown}{CD}$,并在两端各加 $\overset{\frown}{AB}$,得 $\overset{\frown}{BF} + \overset{\frown}{CE} = \overset{\frown}{AE} + \overset{\frown}{DF}$,由此可得 $\angle BGF = \angle ALE$.

12. 先证 $\triangle AB'C' \cong \triangle ABC$,所以 $\angle AB'C' = \angle ABC$.连接 BP,$\angle APQ = \angle AB'C' + \angle CAP = \angle ABC + \angle CBP = \angle ABP = \angle Q$.

13. $\angle BAC = \angle BTC = \angle B'TC' = \angle B'A'C'$,余同理.

14. $\angle ABC = \angle APC = \angle A'P'C' = \angle A'B'C'$,余同理.

15. 因为 OO' 通过 A,所以 OA 是圆的直径,故 $\angle OMA = 90°$.

16. 连接 PQ,则 $\angle PAC = \angle PQC = \angle PQD = \angle PBD$.

17. $\angle C = \angle DAB$,$\angle CAB = \angle D$,所以 $\triangle ABC$ 和 $\triangle DBA$ 的第三对角也相等.

18. 不一定.若 $\overset{\frown}{BCM} = \overset{\frown}{CBN}$,则 $AB = AC$;若 $\overset{\frown}{BCM} = \overset{\frown}{CMAN}$,则 $\overset{\frown}{BC} = \overset{\frown}{MAN}$,但 $\overset{\frown}{MA} = \overset{\frown}{MC}$,$\overset{\frown}{NA} = \overset{\frown}{NB}$,所以 $\overset{\frown}{MAN} = \overset{\frown}{MC} + \overset{\frown}{NB}$,由此可得 $\overset{\frown}{BC} = 120°$,故 $\angle A = 60°$.

19. 连接 PQ、AQ、BQ,$\angle AQP = \angle MAB$,$\angle BQP = \angle MBA$.所以 $\angle AMB = 180° - \angle MAB - \angle MBA = 180° - \angle AQB$.

20. 在图 3.45(a) 中,$\angle PCB = \angle PAD + \angle APC$,$\angle PDA = \angle DPB + \angle PBC$,而 $\angle PAD = \angle DPB$,$\angle APC = \angle PBC$;在图 3.45 (b) 中,$\angle PCA = \angle B + \angle BPC = \angle APC + \angle BPC = \angle APB = \angle PDB$;在图 3.45(c) 中,$\angle C = \angle APB = \angle PDB$.

21. $\angle PAD = \angle PAC + \angle CAD = \angle B + \dfrac{1}{2}\angle BAC = \angle PDA$，所以 $PD = PA$. 而 $AD \perp AE$，$\angle PAE = 90° - \angle PAD$，$\angle E = 90° - \angle PDA$，故 $\angle PAE = \angle E$. 由此可得 $PA = PE$.

22. 过 B 作直径 $A'B$，连接 $A'C$，则 $\angle A' = \angle A$. 但易证 $\angle A' + \angle A'BC = 90°$，由此可得 $\angle CBD + \angle A'BC = 90°$.

23. （1）由定理 3.8 易见 $\angle WBC = \angle WAB$ 及 $\angle WAB = \angle WCA$；

（2）$\angle BWC = 180° - \angle WBC - \angle WCB = 180° - \angle WCA - (\angle ACB - \angle WCA)$.

24. 过 T 点作两圆的公切线 TM，连接 AT、BT. 易见 $\angle ATB = 90°$. 又 $\angle C = \angle ATM$，$\angle D = \angle BTM$，相加即得.

习 题 4

1. 连接 O_1A、O_2D，易证 $\angle O_1 = 2\angle OBA = \angle ABC$，$\angle O_2 = 2\angle OCD = \angle BCD$，由此可得 $\angle O_1OA = \dfrac{1}{2}(180° - \angle O_1) = 90° - \dfrac{1}{2}\angle ABC$，同理 $\angle O_2OD = 90° - \dfrac{1}{2}\angle BCD$. 又 $\angle AOD = 180° - \left(\dfrac{1}{2}\angle DAB + \dfrac{1}{2}\angle ADC\right)$，相加，可证 $\angle O_1OO_2 = 180°$.

2. 先证 $\angle BOM = 60°$，所以 $OM = \dfrac{1}{2}BO = \dfrac{1}{2}AO$，再证 $OM = \dfrac{1}{2}AH$.

3. $\angle HDF = \angle HBA = 90° - \angle A$，$\angle HDE = \angle HCA = 90° - \angle A$，所以 $\angle D = 180° - 2\angle A$. 余同理.

4. $\angle HDF = \angle HBA = 90° - \angle BHC$，$\angle HDE = \angle HCA = 90° - \angle BHC$，所以 $\angle D = 180° - 2\angle BHC$. 但 A、E、H、F 四点共圆，所以 $\angle BHC = 180° - \angle A$，代入上式，即得 $\angle D = 2\angle A - 180°$. 又 $\angle DEA = \angle DBA = \angle B$，$\angle FEA = \angle DBA = \angle B$，相加得 $\angle E = 2\angle B$. 同理 $\angle F = 2\angle C$.

5. 证法 1　因为 $AY = AZ$，所以 $\angle AYZ = 90° - \dfrac{\angle A}{2}$，而 $\angle X = \angle AYZ$，所以 $\angle X = 90° - \dfrac{\angle A}{2}$. 余同理.

　　证法 2　因为 A、Y、I、Z 四点共圆，所以 $\angle YIZ = 180° - \angle A$. 但 $\angle X = \dfrac{1}{2}\angle YIZ$，所以 $\angle X = 90° - \dfrac{\angle A}{2}$.

6. 证法 1　因为 $AY_1 = AZ_1$，所以 $\angle AY_1Z_1 = 90° - \dfrac{\angle A}{2}$. 而 $\angle AY_1X_1 = \angle CX_1Y_1 = \dfrac{\angle C}{2}$，所以 $\angle Y_1 = \angle AY_1Z_1 - \angle AY_1X_1 = 90° - \dfrac{\angle A}{2} - \dfrac{\angle C}{2} = \dfrac{\angle B}{2}$. 同理 $\angle Z_1 = \dfrac{\angle C}{2}$. 由此可得 $\angle X_1 = 180° - \dfrac{\angle B}{2} - \dfrac{\angle C}{2} = 90° + \dfrac{\angle A}{2}$.

　　证法 2　因为 A、Y_1、J、Z_1 四点共圆，所以 $\angle Y_1JZ_1 = 180° - \angle A$. 但 $\angle Y_1JZ_1 = 2(180° - \angle X_1)$，由此可得同样结果.

7. 先证 $r = \dfrac{1}{2}(AB + AC - BC)$，$r' = \dfrac{1}{2}(AD + BD - AB)$，$r'' = \dfrac{1}{2}(AD + CD - AC)$，相加即得.

8. 先证 $\angle BON = \angle BAC$ 及 $ON = 2OM = AH$，由此可证 $\triangle BON \cong \triangle KAL$.

9. 设 AC 的中点为 P,连接 MP、NP.证明 $MN < MP + NP$,再证 $MP + NP = \dfrac{1}{2}(DC + AB) = \dfrac{1}{4}(DC + AB + AD + BC)$.

10. 注意 $\angle AFE = \angle ADB = \angle DBC = \angle CHK = \angle AKH$.

11. 注意 $BK \perp AB$,所以 $BK /\!/ CH$,同理 $CK /\!/ BH$,所以 $BKCH$ 是平行四边形.

12. 首先,由 $\overparen{AM} = \overparen{CM}$,$\overparen{BL} = \overparen{CL}$,$\overparen{BN} = \overparen{AN}$ 可证 $AL \perp MN$.余同理.其次,由 $\angle MLA = 90° - \angle LMN = \angle MNC$ 可证 $\overparen{AM} = \overparen{CM}$,所以 BM 是 $\angle ABC$ 的平分线.余同理.

13. 注意 $BI \perp BJ_1$,所以 $\triangle IBJ_1$ 和 $\triangle J_1BJ_2$ 都是直角三角形,在 $\triangle IBJ_1$ 中,$\angle MBI = \angle MBC + \angle CBI = \angle MAC + \angle CBI = \dfrac{\angle A}{2} + \dfrac{\angle B}{2}$;$\angle MIB = \angle IAB + \angle IBA = \dfrac{\angle A}{2} + \dfrac{\angle B}{2}$.由此可证 $MI = MB$.在 $\triangle J_1BJ_2$ 中,J_1、C、I、B 四点共圆,所以 $\angle NJ_1B = \angle CIJ_2 = \angle IBC + \angle ICB = \dfrac{\angle B}{2} + \dfrac{\angle C}{2} = 90° - \dfrac{\angle A}{2}$;又 A、B、N、C 四点共圆,所以 $\angle BNC = 180° - \angle A$.因此 $\angle NBJ_1 = \angle BNC - \angle NJ_1B = 180° - \angle A - \left(90° - \dfrac{\angle A}{2}\right) = 90° - \dfrac{\angle A}{2}$.由此可证 $NJ_1 = NB$.

14. (1) 设 O 是 $\triangle ABC$ 的外心,证明 PO、QO、RO 平分 $\triangle PQR$ 的各内角.再设 O 是 $\triangle PQR$ 的内心,证明 $OA = OB = OC$.

(2) 先证 $\angle QAC = \angle ABC$,再证 $\angle ABC = \angle AEF$,由此可证 $EF /\!/ QR$.余同理.

15. 因 $\angle C + \angle F = 180°$,又 $\angle NMD = \angle MDC = \angle C$,故得证.

16. 证法 1　连接 OC、OD.先证 O、A、M、C 共圆,O、B、M、D 共圆,再证 $\angle OCA = \angle OMB = \angle ODB$,最后证 $\triangle OCA \cong \triangle ODB$.

证法 2　$\angle OCD = \angle OAB = \angle OBA = \angle ODC$.

17. 在图 4.78(a)中,证明$\angle TAQ = \angle TAP + \angle PAQ = \angle AQP$ $+\angle PAQ = 180° - \angle APQ$,同理$\angle TBQ = 180° - \angle BPQ$,相加即可推得$\angle TAQ + \angle TBQ = 180°$. 在图 4.78(b)中,易证$\angle TAQ = \angle APQ$ $= \angle BPQ = \angle TBQ$.

18. 先证 B、C、D、E 四点共圆,再证$\angle ABF = 90° - \angle BEF = 90°$ $-\angle AED = 90° - \angle ACB = \angle CBD$.余同理.

19. 连接 BO、CO.先证$\angle BOC = 2\angle A$,再证 $AD = CD$,所以$\angle ADC = 180° - 2\angle A$,由此可证 D 点在 $\odot BOC$ 上.同理,E 点也在$\odot BOC$ 上.

20. 先证条件是充分的:设 $CD \parallel PQ$,则 $\angle D = \angle PTB = \angle TAB$,所以 A、B、C、D 共圆.再证条件是必要的:设 A、B、C、D 共圆,则$\angle PTB = \angle TAB = \angle D$,所以 $PQ \parallel CD$.

21. 注意 O 是△ADE 的一个旁心,再设 I 是△ADE 的内心,那么 I、D、O、E 四点共圆.先证$\angle BOD = 90° - \angle AOD = 90° - \angle IED$ $= 90° - \angle AEI$,再证$\angle IEO = 90°$,所以$\angle CEO = 90° - \angle AEI$.

22. 证明$\angle CGE = \angle CBA$,$\angle CGF = \angle CDA$.

23. 在图 4.84(a)中,证明$\angle PAB = \angle PBA$,$\angle PCQ = \angle PBQ$,相加即得.在图 4.84(b)中,证明$\angle PQA = \angle PCA = \angle PAC = \angle PDB$.

24. (1) 先证△$ABG \cong \angle AEC$,$\angle ABG = \angle AEC$,即$\angle ABP = \angle AEP$,所以 A、P、B、E 共圆,故$\angle EPB = \angle EAB = 90°$.

(2) 连接 AD,则$\angle EPD = \angle EAD = 45°$,同理$\angle CPF = 45°$.

25. 证法 1　在△OPB 与△OPC 中,OP 为公共边,$OB = OC$. 在$\odot O$ 中,$\angle BAC = \dfrac{1}{2}\angle BOC$;在 $\odot APC$ 中,$\angle BAC = \angle PAC =$

$\angle POC$，由此可得$\angle POC = \angle POB$．

证法 2　连接 BC，则 $\angle ABC = \dfrac{1}{2} \angle AOC = \dfrac{1}{2} \angle APC = \dfrac{1}{2}(\angle ABC + \angle PCB)$，所以 $\angle ABC = \angle PCB$．

26. 在图 4.87(a)和(c)中，证明 $AQ = CQ$，$\angle QAB = \angle QCD$，$\angle QBA = \angle QDC$，所以 $\triangle QAB \cong \triangle QCD$．在图 4.87(b)中，须先连接 AC，证明 $\angle DPQ = \angle CAQ$，所以 $\overset{\frown}{AQ} = \overset{\frown}{CPQ}$，$AQ = CQ$，余同前．

27. 先证 B、C、E、D 共圆，所以 $\angle MEC = \angle B = \angle MCE$，$MC = ME$．再证 A、D、C、F 共圆，所以 $\angle F = \angle A = \angle BCN = \angle MCF$，$MC = MF$．当 D 点趋于 A 点时，结论仍成立．

28. 先证 $\angle A = 36°$，$\angle AMN = \angle ANM = 72°$，$\angle EMN = \angle FNM = 108°$，连接 LM、LN，证明 $\angle BNL = \angle NLM = \angle LMC = 36°$，$\overset{\frown}{FL} = \overset{\frown}{NM} = \overset{\frown}{LE} = 72°$．再证 $\angle LMN = 108° - 36° = 72°$，所以 $\overset{\frown}{LFN} = 144°$，$\overset{\frown}{FN} = 72°$．同理 $\overset{\frown}{EM} = 72°$．

29. 设正 n 边形 $A_1 A_2 A_3 \cdots A_n$ 的中心为 O，两条相交的最短对角线为 $A_1 A_3$ 和 $A_2 A_4$，证明 $A_1 A_3 \perp OA_2$，$A_2 A_4 \perp OA_3$．

30. 设正 n 边形 $A_1 A_2 A_3 \cdots A_n$ 的一条最短对角线为 $A_n A_2$．

(1) 当 n 为奇数时，$A_n A_2 /\!/ A_{(n+1)/2} A_{(n+3)/2}$．因为正 n 边形的外接圆周上，从 A_2 到 $A_{(n+1)/2}$ 共有 $\dfrac{n+1}{2} - 2 = \dfrac{n-3}{2}$ 条弧，从 $A_{(n+3)/2}$ 到 A_n 共有 $n - \dfrac{n+3}{2} = \dfrac{n-3}{2}$ 条弧，并且各条弧都是相等的．

(2) 当 n 为 $4k+2$（k 为正整数）时，$A_n A_2 \perp A_{(n+2)/4} A_{(n+6)/4}$．因为在正 n 边形的外接圆周上，从 $A_{(n+6)/4}$ 到 A_n 共有 $n - \dfrac{n+6}{4} =$

$\dfrac{3n-6}{4}$ 条弧,其度数为 $\dfrac{3n-6}{4}\times\dfrac{360°}{n}$;从 A_2 到 $A_{(n+2)/4}$ 共有 $\dfrac{n+2}{4}-2$

$=\dfrac{n-6}{4}$ 条弧,其度数为 $\dfrac{n-6}{4}\times\dfrac{360°}{n}$.这两数之差的一半为 $90°$,由圆

外角定理可知 $A_nA_2\perp A_{(n+2)/4}A_{(n+6)/4}$.

(3) 当 n 为 $4k$(k 为正整数)时,$A_nA_2\perp A_{n/4}A_{(n+8)/4}$,理由

同上.

31. 以 PB 为一边作正 $\triangle PBD$,证明 $\triangle ABD\cong\triangle CBP$,所以 PB

$=PD,PC=DA$.

32. 连接 AC、CE、EA,则 $\triangle ACE$ 为正三角形,由上题可知 PA

$+PE=PC$.同理 $PB+PF=PD$.

33. 连接 PA、PB、$\cdots$、PK,则 $S_{\triangle PAB}=\dfrac{1}{2}d_1\cdot AB$,$S_{\triangle PBC}=\dfrac{1}{2}d_2$

$\cdot BC,\cdots,S_{\triangle PKA}=\dfrac{1}{2}d_n\cdot KA$.相加,得正 n 边形的面积 $S_{ABC\cdots K}=$

$\dfrac{1}{2}(d_1+d_2+\cdots+d_n)\cdot AB$.这个等式的左端是常数,右端的 AB 也

是常数,所以括号内各项之和必定是常数.

34. 过正多边形的各顶点作外接圆的切线,又得一个正多边形.

正多边形的任一顶点(如 B)到切线 l 的距离,必定等于 P 点到过 B

点的切线(如 GH)的距离(2.2 节后的练习 3),由上题可知这些距离

之和是一个常数.

35. 设圆内接正 n 边形的一边为 BC,圆内接正 $2n$ 边形的一边为

AB,先证 $BC\perp OA$,并设交点为 D(图 J4.1).由勾股定理的推广可知

$AB^2=OB^2+OA^2-2\cdot OA\cdot OD$;再由勾股定理有 $OD=$

$$\sqrt{OB^2 - \left(\frac{BC}{2}\right)^2}.$$ 由此两式即可推得倍边公式.

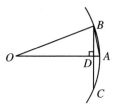

图 J4.1

36. $\angle BOC$、$\angle COA$、$\angle AOB$ 都只能等于 $120°$，$p = q = r = 3$.

习　题　5

1. 外圆周上任一点 P 对于内圆的幂是 PQ^2；内圆周上任一点 Q 对于外圆的幂是 $- PQ^2$.

2. 证明 $CD^2 = AD \cdot DB = DE \cdot DB$.

3. 证法 1　连接 BE，证明 $\triangle ACD \backsim \triangle AEB$.

证法 2　在 AB（或延长线）上截取 $AC' = AC$，证明 $\angle AC'D = \angle ACD = \angle AEB$，所以 B、E、C'、D 四点共圆.

4. 由上题，$AB \cdot AC = AD \cdot AE$. 在图 5.60(a)中，$AB \cdot AC = AD \cdot (AD + DE)$，所以 $AD^2 = AB \cdot AC - AD \cdot DE$，以 $BD \cdot DC$ 代 $AD \cdot DE$ 即得. 在图 5.60(b)中，$AB \cdot AC = AD \cdot AE = AD(ED - AD)$，所以 $AD^2 = AD \cdot ED - AB \cdot AC$，以 $BD \cdot CD$ 代 $AD \cdot ED$ 即得.

5. 先证 $\triangle PAC \backsim \triangle PDA$，所以 $\dfrac{AC}{AD} = \dfrac{PC}{PA}$. 同理 $\dfrac{BC}{BD} = \dfrac{PC}{PB}$. 但 $PA = PB$，所以 $\dfrac{AC}{AD} = \dfrac{BC}{BD}$.

6. 先证 △EDA ∽ △EFC，所以 $\dfrac{ED}{EF} = \dfrac{EA}{EC}$．同理 △EDC ∽

△EGA，所以 $\dfrac{ED}{EG} = \dfrac{EC}{EA}$．再将这两式相乘即得．

7. 证明 ∠MKE = ∠D = ∠C，所以 △MKE ∽ △MCK，由此可推

得 $MK^2 = ME \cdot MC = MA^2$．

8. 证明 $MK^2 = MA^2 = ME \cdot MC$，$\dfrac{ME}{MK} = \dfrac{MK}{MC}$，所以 △MCK ∽

△MKE，故 ∠MKE = ∠C = ∠D．

9. 先证 A、H、N、C 共圆，B、H、N、D 共圆，所以 MA · MC 和

MB · MD 都等于 MN · MH．

10. 证明 PA · PB 和 PC · PD 都等于 PE · PF．如果两圆相切，

过切线上任一点作两割线交一圆于 A、B，交另一圆于 C、D，那么

A、B、C、D 仍旧共圆．

11. 先证 $\dfrac{\overline{BD}}{\overline{DC}} = -\dfrac{\overline{AB}^2}{\overline{CA}^2}$，$\dfrac{\overline{CE}}{\overline{EA}} = -\dfrac{\overline{BC}^2}{\overline{AB}^2}$，$\dfrac{\overline{AF}}{\overline{FB}} = -\dfrac{\overline{CA}^2}{\overline{BC}^2}$，将三

式连乘，由梅涅劳斯定理可证．

12. 注意 PA · PB = PC · PD = PM · PN，由此可证 EF 和 GH

互相平分且相等．

13. 证明 ∠BAD 等于 ∠BCD 的外角，所以它们的一半也相等，

由此证明 A、E、C、D 四点共圆，即 E 点在 ABCD 的外接圆周上．

14. 先证 O、O′、G 在一条直线上，再证 O′F ∥ OA，△O′FG 和

△OAG 都是等腰三角形，它们的顶角相等，那么底角 ∠O′GF 和

∠OGA 也相等，所以 A、F、G 在一条直线上，故 $AE^2 = AF \cdot AG$；

最后证 B、D、F、G 四点共圆，故 $AF \cdot AG = AD \cdot AB = AC^2$．

15. 理由类似第 8 题．

16. 证明 $MO^2 = MA^2 = MC \cdot MD$，由此证明 $\triangle MOC \cong \triangle MDO$.

17. 设 AD、BE、CF 是 $\triangle ABC$ 的三条高，先证所作三圆分别通过 D、E、F 各点，再证 $HA \cdot HD = HB \cdot HE = HC \cdot HF$，所以 H 对于这三圆的幂相等.

18. 设 AB 与 CD 交于 P，EP 交 $\odot O_2$ 和 $\odot O_3$ 分别于 F' 和 F''，证明 $PE \cdot PF' = PA \cdot PB = PC \cdot PD = PE \cdot PF''$，由此推得 F' 和 F'' 都重合于 $\odot O_2$ 和 $\odot O_3$ 的交点 F 上.

19. 过 B、C、E 三点作一圆，交 EF 于 G，先证 C、D、F、G 四点共圆（106 页的练习 3）；再证 $EP^2 = EA \cdot EB = EF \cdot EG$；最后证 $FQ^2 = FA \cdot FD = EF \cdot GF$. 相加即得.

20. 将 P 点看作点圆，证明 L 在 $\odot P$ 和 $\odot O$ 的根轴上，所以 L 对于这两圆的幂相等.

21. 设 $\odot O$ 与 $\odot O'$ 的一个交点是 P. 先证 $\dfrac{BD}{DC} = \dfrac{BE}{CE}$，由合分比定理得 $\dfrac{BD + DC}{BD - DC} = \dfrac{BE + CE}{BE - CE}$；再证 $BD + DC = 2OP$，$BD - DC = 2OD$，$BE + CE = 2OE$，$BE - CE = 2OP$，代入上式，可推得 $OP^2 = OD \cdot OE$，即 OP 切 $\odot O'$ 于 P.

22. 在双曲式同轴圆族中，必有一圆 C 与 $\odot O$ 正交，设交点为 A、B，那么在椭圆式同轴圆族中，过 A 点的圆或过 B 点的圆都和 $\odot O$ 相切. 余同理.

23. 理由同上（只需将 $\odot O$ 换成直线 l 即可）.

24. 证明 $\angle O_1 AB = \angle O_1 BA = \angle OBA' = \angle OA'B = \angle O_2 A'B'$，所以 $O_1 A /\!/ O_2 A'$，故 AA'（即 BA'）通过位似心 S.

25. 证明 $\dfrac{SO}{SO'} = \dfrac{OP}{O'P}$. 逆位似心同理.

26. 作旁切圆 J 切 BC 于 X_1,则 $BX_1 = CX$(第 4 章的例 4). 作 $\odot J$ 的直径 X_1W_1,证明 A 点是 $\odot I$ 和 $\odot J$ 的位似心,W 和 X_1 是应位点,所以 X_1 和 T 重合.

27. 设 $\odot A$ 的半径为 r,将原式两端各减去 r^2,可证 $BE^2 = CF^2 + BC^2 - 2BC \cdot DC$.

习　题　6

1. 设 $\odot O(r)$ 和 $\odot O'(r')$ 的顺位似心和逆位似心分别为 S 和 S',则 $\dfrac{SO}{SO'}$ 和 $\dfrac{S'O}{S'O'}$ 都等于 $\dfrac{r}{r'}$.

2. 由梅涅劳斯定理可证 $\dfrac{\overline{BG}}{\overline{GC}} = -1, \dfrac{\overline{CE}}{\overline{EA}} = 1, \dfrac{\overline{AF}}{\overline{FB}} = -1$,并注意 $|CE| = |DC|, |EA| = |AF|, |FB| = |DB|$,代入上式,可推得 $\dfrac{\overline{DB}}{\overline{DC}} : \dfrac{\overline{GB}}{\overline{GC}} = -1$.

3. 连接 PA、PB、BC、BD,先证 $\angle MPA = \angle ABD$,$\angle NPA = \angle ABC$;再证 $\angle BPC = \angle BPD$;最后证 PA 和 PB 是 $\triangle PMN$ 的内、外角平分线.

4. 先证 $AC /\!/ PM /\!/ BD /\!/ QN$,而 $(APBQ) = -1$,所以 $(CMDN) = -1$,$O(CMDN) = -1$. 再证 $OC \perp OD$,由定理 6.4 可证 OD 是 $\angle MON$ 的平分线,故 $\dfrac{OM}{ON} = \dfrac{MD}{DN} = \dfrac{PB}{BQ} = $ 常数.

5. 先证 P 点是 QG 的极线,因为 P 点的极线通过 Q,所以 Q 点的极线必定通过 P,再利用定理 6.6 即可得证.

6. 设 $\odot O$ 和 $\odot O'$ 正交,AB 是 $\odot O$ 的一条直径. 首先,设 B 点在 $\odot O'$ 内部,AB 交 $\odot O'$ 于 P 和 Q,并设两圆的一个交点为 C. 证明

$OA^2 = OB^2 = OC^2 = OP \cdot OQ$，由定理 6.2 可得 $(APBQ) = -1$. 其次，设 QR 是 $\odot O'$ 的一条直径，Q 和 R 都在 $\odot O$ 的外部，连接 AQ，交 $\odot O$ 和 $\odot O'$ 于 B 和 P，由本题第一部分可知 $(APBQ) = -1$，证明这时过 P 而垂直于 AQ 的直线必定通过 R.

7. 在与 O_1、O_2、O_3、…共轭的另一族同轴圆中，必定有一个圆通过 A 点，设为 $\odot C$，它和第一族同轴圆中的每一个圆都互相正交，作 $\odot C$ 的直径 AB，由上题可证，A 和 B 关于第一族同轴圆中的每一个圆都是共轭点.

8. 设 $\odot A$ 和 $\odot O$ 相交于 C 和 D，先证直线 CD 就是 A 点关于 $\odot O$ 的极线，所以 CD 通过 B 点. 再设 CD 交 $\odot B$ 于 P 和 Q，由第 6 题可证 P、Q 关于 $\odot O$ 是共轭点，所以 $(CPDQ) = -1$. 再利用第 6 章的例 1 即可得证.

9. $AB^2 = OA^2 + OB^2 - 2OB \cdot OC$，但 $OB \cdot OC = OE^2 = R^2$，代入上式，即可推得.

10. 将 $AEBCGD$ 看作六边形，则 AC、BD、EG 交于一点；将 $ABFCDH$ 看作六边形，则 AC、BD、FH 交于一点.

11. 证明 E 点的极线是 GK，F 点的极线是 HL，由上题可证它们都通过 O 点.

12. 证法 1　先证 EG 是 P 点的极线，FH 是 Q 点的极线，再由第 6 章例 4 可证 AC 是 N 点的极线，BD 是 M 点的极线. 利用定理 6.8 的推论的后半部分即可证得.

证法 2　将 EF、BC、FG、GH、AD、HE 看作圆内接六边形的极限情形，由帕斯卡定理和连续原理可证 EF 和 GH 的交点 M、BC 和 AD 的交点 Q、FG 和 HE 的交点 N，这三点在一条直线上. 同理，M、N、P 三点也在一条直线上.

13. 证明 $(A'B'C'D') = P(ABCD)$,并利用定理 6.10.

14. 先证 $(A'B'C'D') = T(EFGH)$,再证 EG 和 FH 是共轭点直线,利用定理 6.11.

15. 先利用定理 6.5 证明在 AB、BC、AD、CF 四条直线所组成的完全四边形中,$(BGPE) = -1$,所以 $D(BGPE) = -1$,再利用定理 6.4 的后半部分.

16. 设 AB 和 DE 交于 X,BC 和 EF 交于 Y,CD 和 FA 交于 Z,又设 FA 和 DE 交于 G,CD 和 EF 交于 H,连接 AD、AE、CE、CF、ZE,先证 $Z(EHFY) = C(EHFY) = C(EDFB) = A(EDFB) = A(EDGX) = Z(EDGX) = Z(EHFX)$;再证两线束 ZE、ZH、ZF、ZY 和 ZE、ZH、ZF、ZX 全等.

习　题　7

1. 设两个极限点为 K 和 K'(参看 138 页图 5.22),以 KK' 为直径作圆,必定和族中的每个圆都正交.设 KK' 交族中一圆 O 于 C 和 D,证明 $(CKDK') = -1$.

2. 证明 $\angle OB'A' = \angle OAB$,$\angle OB'C' = \angle OCB$,所以 $360° - \angle OB'A' - \angle OB'C' = 360° - \angle OAB - \angle OCB$.

3. 三圆的根心要在三圆的外部,这样它们就有一个正交圆.

4. 连心线和 $\odot O_1$、$\odot O_2$ 都正交而 $\odot O_1$、$\odot O_2$ 反演后不变.

5. 证明 P 和 P' 是 $\odot O_1$ 和 $\odot O_2$ 上的反位点.

6. 证明 O 点到 $\odot A$、$\odot B$ 的切线的长都等于 $\odot O$ 的半径.

7. (1) 证明 $AH \cdot AD = AF \cdot AB = AE \cdot AC$;余同理.

(2) 证明 $BH \cdot BE + CH \cdot CF = BD \cdot BC + BC \cdot DC = BC^2$;余同理.

(3) 设 $\odot B$、$\odot C$ 的交点为 L、L',因为这两圆正交,所以 L、L' 都在以 BC 为直径的圆周上,这个圆就是直线 LL' 关于 $\odot B$ 的反演图形.但这个圆通过 F 和 C,所以 LL' 也要通过 F、C 关于 $\odot B$ 的反演点 A、D.

8. (1) 证明 $XA' \cdot XA = XC \cdot XB = XE \cdot XF$.

(2) 证明 $\angle AA'E = \angle BFE = \angle XCE$.

(3) 证明 $AA' \cdot AX = AE \cdot AC = AF \cdot AB$.

(4) 由(1)及 B、C、E、F 四点共圆可证.

9. 设 $\triangle ABC$ 的外心为 O,证明 $OL \cdot OP = OM \cdot OQ = ON \cdot OR$ 都等于外半径的平方.

10. 以 A 为反演中心、以任意长为反演半径,设 B、C、D 的反演点分别为 B'、C'、D',先证 $B'C' \perp C'D'$,再证 $\odot ABD$ 和 $\odot CBD$ 的反演图形分别为 $B'D'$ 和 $\odot B'C'D'$.

11. 如果原同轴圆族是抛物式的,那么它的反演图形必定是互切于同一点的一些圆,所以也是抛物式同轴圆族.如果原同轴圆族是椭圆式的,那么它的反演图形必定是过两个定点的一些圆,所以也是椭圆式同轴圆族.如果原同轴圆族是双曲式的,那么它的共轭同轴圆族是椭圆式的,但这个椭圆式同轴圆族的反演图形还是椭圆式同轴圆族,而原来那个双曲式同轴圆族的反演图形是和这族中每一个圆都正交的一些圆,所以也是双曲式同轴圆族.

12. 设 SO' 交 l 于 A',交 $\odot O$ 于 A,并设反演半径为 r,证明 $SO' = \dfrac{r^2}{SO}$,$SA' = \dfrac{r^2}{SA}$,以 $SA = 2SO$ 代入即得.

13. 以 S 为反演中心、以适当长为反演半径,设 A、B、C、E、F 的反演点分别为 A'、B'、C'、E'、F',先证 $B'E'$ 和 $C'F'$ 是 $\triangle SB'C'$ 的

两条高,那么 SA' 与 $B'C'$ 正交,再证 SA 与 $B'C'$ 的反形圆 $\odot SB'C'$ 正交.

14. 过 O 点任作两直线,先证这两条直线关于同一反演基圆的反形圆必定通过 O 点反演点 P 和反演中心 S.再证这两个圆都与 $\odot O'$ 正交.于是由7.4节后的练习2可证 S 和 P 关于 $\odot O'$ 互为反演点.

15. 设调和四角形为 $ABCD$,以它的外接圆周上任一点 S 为反演中心、以任意长 r 为反演半径,将 A、B、C、D 反演成一直线上的 A'、B'、C'、D' 四点.因为 $S(ABCD) = -1$,证明 $(A'B'C'D') = -1$,所以 $\dfrac{\overline{B'A'}}{\overline{B'C'}} : \dfrac{\overline{D'A'}}{\overline{D'C'}} = -1$.再将 $B'A' = \dfrac{r^2}{SB \cdot SA} \cdot BA$,$B'C' = \dfrac{r^2}{SB \cdot SC} \cdot BC$……代入上式,化简即得.

16. 设直线 AB 切圆于 S,$\angle SCD$ 是圆周角,以 S 为反演中心、以适当的长为反演半径,将 C 和 D 两点反演成 C' 和 D'.先证 $\odot SCD$ 的反演图形是直线 $C'D'$,且 $C'D' /\!/ AB$.再证 $\angle SCD = \angle SD'C' = \angle D'SB$.

17. 设在 $\triangle ABC$ 中,$\angle BAC$ 的平分线交 BC 于 A'.作 $\triangle ABC$ 的外接圆,设 AA' 交此圆于 S,以 $\odot S(SB)$ 为反演基圆,先证 A 和 A' 互为反演点,B 点和 C 点不变,再证 $AB = \dfrac{SB^2}{SA' \cdot SB} \cdot A'B$,$AC = \dfrac{SB^2}{SA' \cdot SC} \cdot A'C$,两式相除即得.

18. (1) 证明 A、B、C 的反演点分别是 EF、FD、DE 的中点.

(2) 连接 IO,交 $\odot O$ 于 P、Q,交 $\odot A'B'C'$ 于 P'、Q',证明 $P'Q'$ 是 $\odot A'B'C'$ 的直径.因为 $\odot A'B'C'$ 是 $\triangle DEF$ 的九点圆,所以 $P'Q'$

$= r$. 再证 $IP' = \dfrac{r^2}{R+d}$，$IQ' = \dfrac{r^2}{R-d}$，两式相加即可推得.

总 复 习 题

1. P_1、P_2、P_3 分别是 P 点关于三条内角平分线的对称点，所以它们到内心 I 的距离都和 PI 相等.

2. 先证 $\overparen{FB} = \overparen{AE} + \overparen{ED}$，再证 $\overparen{AE} = \overparen{DC}$，代入即得.

3. (1) 先证 $\overparen{PC} = \overparen{A'B}$，再证 $\overparen{PC} = \overparen{AB'}$，余同理.

(2) 由 $A'B = AB'$ 及 $A'C = AC'$ 可得 $\overparen{BA'C} = \overparen{B'A'C'}$，所以 $BC = B'C'$，余同理.

4. 连接 DQ，证明 $\angle APQ = \angle ADQ = \angle ADC - \angle QDC = \angle ADC - \angle DAQ = \angle ADC - \angle DAB = \angle B$.

5. 先证 $\overparen{AE} = \overparen{DC}$，所以 $AD \parallel EF$；同理 $AE \parallel DF$. 再证 $\overparen{AE} = \overparen{AD}$，所以 $AE = AD$.

6. 在图 F6(a) 中，先证 $\overparen{AE} = \overparen{BD}$，再证 $\overparen{BD} + \overparen{DF} = \overparen{AC} + \overparen{AE}$，相加即得，其余可用类似方法证明.

7. 设 BC 的中心为 O，连接 OE，OF. 先证 $\angle EOC = 2\angle B$，$\angle FOC = \angle B$，所以 $\angle EOF = \angle COF$. 再证 $\angle CFO = \angle A = \angle EFO$. 最后证 $\triangle EOF \cong \triangle COF$.

8. 先证 $\triangle ABE \cong \triangle FBC$（两边夹角），所以 $\angle BAE = \angle BFC$. 再证 $\angle BAE + \angle PAC = 90°$，$\angle BFC + \angle GFC = 90°$，所以 $\angle PAC = \angle GFC$. 由此可推得 $\angle P = \angle G = 90°$.

9. 作 $MC \perp AC$，连接 MA、OA. 在直角 $\triangle MNA$ 及直角 $\triangle MCA$ 中，MA 为公共边，$\angle MAN = 90° - \angle AMN$，$\angle MAC = \angle OAC - \angle OAM = 90° - \angle AMN$，所以 $\triangle MNA \cong \triangle MCA$.

10. 作 $OT \perp T_1 T_2$,证明 $O_1 O_2 T_2 T_1$ 是直角梯形,OT 是中位线,所以 $OT = \frac{1}{2}(O_1 T_1 + O_2 T_2) = \frac{1}{2} O_1 O_2$.

11. (1) 连接 $O_1 A$、$O_2 B$,证明 AB 的垂直平分线通过 $O_1 O_2$ 的中点,同理,CD 的垂直平分线也通过该点,再利用这个图形的对称性质即得.

(2) 连接 $O_1 G$、$O_2 H$,证明 GH 的垂直平分线通过 $O_1 O_2$ 的中点,余同理.

(3) 连接 $O_1 M$、$O_2 M$,证明 $\angle O_1 M O_2 = 90°$,余同理.

(4) 由前三次的证明可知.

12. 利用定理 2.9.

13. 连接 $O_1 P$、$O_2 Q$,作 $O_2 E \perp O_1 P$.证明

$$PQ^2 = O_1 O_2^2 - O_1 E^2$$
$$= (O_1 O_2 + O_1 E)(O_1 O_2 - O_1 E)$$
$$= (O_1 O_2 + O_1 P - O_2 Q)(O_1 O_2 - O_1 P + O_2 Q)$$
$$= (O_1 O_2 + O_1 A - O_2 C)(O_1 O_2 - O_1 B + O_2 D).$$

如果两圆外切,则外心切线是两圆直径的比例中项.

14. 在 AB 上截取 $AG = AC$,连接 CG,设 CG 的中点为 P,证明 M、P、D 三点共线,$MD = \frac{1}{2} AB$,$PD = \frac{1}{2} AC$,$MP = \frac{1}{2}(AB - AC)$.

同理,在 AC 的延长线上截取 $AH = AB$,连接 BH,设 BH 的中点为 Q,证明 M、Q、E 三点共线,$ME = \frac{1}{2} AC$,$QE = \frac{1}{2} AB$,$MQ = \frac{1}{2}(AB - AC)$.

15. 先证 $\overset{\frown}{ZK} = \overset{\frown}{YK}$,所以 $\angle ZYK = \angle AYK$,YK 是 $\angle AYZ$ 的平

分线;同理,ZK 也是 $\angle AZY$ 的平分线.用类似的方法可证 YK'、ZK'是 $\angle ZYC$、$\angle YZB$ 的平分线.

16. 在两个等腰 $\triangle RBA$ 和 $\triangle PBD$ 中,底角 $\angle RBA = \angle PBD$,所以顶角 $\angle R = \angle BPD$,因此 $RQ \parallel PD$.同理 $RQ \parallel PE$,所以 D、P、E 三点在一条直线上.

17. 作 $CE \perp BD$ 交 AB 于 E,那么 $\angle ECA = \angle B$,并且 $EC \parallel AD$,所以 $\angle CAD = \angle ECA = \angle B$.再应用习题 3 第 22 题的结论即得.

18. 设 $\triangle ABD$ 和 $\triangle ACD$ 的内切圆分别切 AD 于 X 和 Y.先证

$$AX = \frac{1}{2}(AB + AD - BD), \qquad ①$$

$$AY = \frac{1}{2}(AC + AD - CD). \qquad ②$$

再证 $AB + CD = AC + BD$,所以 $AB - AC = BD - CD$.故①、②两式相减即得.

19. $\angle PCA = 45°$.注意

$$\angle PCA = \angle B + \angle CPB = \frac{1}{2}(\angle AOP + \angle APB).$$

20. 连接 BP,先证 $AOBP$ 是平行四边形,所以 $OD = BD - BO = BD - AP$.

21. 先证 $EF + GH = EH + GF$,再证各等腰三角形的顶角的平分线就是四边形 $ABCD$ 各边的垂直平分线,它们交于一点.

22. 设 $BC = a$,$CA = b$,$AB = c$,并设 $p = \frac{1}{2}(a + b + c)$.由 4.2 节的例 4(图 4.10)可知 $AZ_1 = p$,$AZ = p - a$,代入已知条件,可得 $2p = 3a$,所以 $a - b = c - a$.

23. 有这样一个定理:"设 P、Q、R 分别是 $\triangle ABC$ 的边 BC、CA、

AB 上的点,那么过 P、Q、R 而分别垂直于 BC、CA、AB 的三条垂线共点的充要条件是 $BP^2 + CQ^2 + AR^2 = CP^2 + AQ^2 + BR^2$."[证明请参看本丛书中《直线形》(毛鸿翔等著)一书]. 现在,作 $\triangle ABC$ 的内切圆分别切 BC、CA、AB 于 X、Y、Z,显然有 $BX^2 + CY^2 + AZ^2 = CX^2 + AY^2 + BZ^2$. 再证 $BX' = CX$,$CY' = AY$,$AZ' = BZ$ 即可.

24. 由 4.2 节的例 4 及塞瓦定理可证.

25. (1) 连接 BE,$\angle BAE = 90° - \angle AEB = 90° - \angle C = \angle CAD$,余同理.

(2) 由(1)可知.

(3) $\angle DAE = \angle BAD - \angle BAE = 90° - \angle ABC - (90° - \angle C)$.

(4) 连接 ME,先证 $\triangle ADK \backsim \triangle AME$,所以 $AD : AM = AK : AE$,再证 $\triangle ADM \backsim \triangle AKE$,$\angle AMD = \angle AEK$,所以 A、E、M、D 四点共圆.

26. 作 $OM \perp BC$,则 M 是 BC 的中点. 作 $BH /\!/ PO$ 交 AD 于 G,连接 MG、MD、BD. 先证 O、P、D、M 四点共圆,所以 $\angle ODM = \angle OPM = \angle GBM$,因此 G、B、D、M 四点共圆,$\angle DGM = \angle DBM = \angle DAC$,故 $GM /\!/ AC$. 由此证明 G 是 BH 的中点,所以 O 是 EF 的中点.

27. (1) 设正方形的边长为 $4a$,那么 $OC = EC = 2a$,$O'C = a$,$DO' = 3a$. 连接 AO',由勾股定理可证 $AO' = 5a$.

(2) 设 $\odot O'$ 与 $\overset{\frown}{BD}$ 相切于 P,连接 PB、PC、PE. 先证 P 在 AO' 上. 其次,在两个等腰 $\triangle ABP$、$\triangle O'EP$ 中,顶角相等,底角也要相等,所以 P 点在 BE 上,由此可证 $\angle BPC = 90°$.

28. (1) 设正三角形的边长为 $8a$,先证 $EO = a$,$BE = 4\sqrt{3}a$,由勾股定理可证 $BO = 7a$. 至于 $\odot ADF$ 切于 $\odot B(AB)$ 是显然的.

(2) 证明 $\angle AGF = \angle ADF = 30°$，$\angle AGD = 90°$，$\angle FGE = 90°$，$\angle DGE = 150°$．

29. 设较小的半圆的半径为 x，较大的半圆的半径为 y，则 $2x + 2y = a$，又由勾股定理有 $AB^2 + x^2 = (a + x)^2$，$AB^2 + (a - y)^2 = (a + y)^2$，由此可求得 $AB = \dfrac{2\sqrt{3}}{3}a$．

30. 设 $OA = R$，$MC = r$，$PD = x$．先证 $R - r = \sqrt{2}\,r$，所以 $R = (1 + \sqrt{2})r$．其次，由第 13 题可知 $CD = 2\sqrt{rx}$，所以 $OD = r + 2\sqrt{rx}$．又 $PD = x$，$OP = R - x$．因为 $OD^2 + PD^2 = OP^2$，所以 $(r + 2\sqrt{rx})^2 + x^2 = (R - x)^2$，以 $R = (1 + \sqrt{2})r$ 代入，化简，得

$$(1 + \sqrt{2})r - (3 + \sqrt{2})x = 2\sqrt{rx}.$$

平方再化简，得

$$(3 + 2\sqrt{2})r^2 - (14 + 8\sqrt{2})rx + (11 + 6\sqrt{2})x^2 = 0,$$

即 $[(3 + 2\sqrt{2})r - (11 + 6\sqrt{2})x](r - x) = 0$．因为 $r \neq x$，故可得 $r = (9 - 4\sqrt{2})x$．所以 $R = (1 + \sqrt{2})r = (1 + 5\sqrt{2})x$．最后，由余弦定理有

$$\begin{aligned}
\cos\angle MOP &= \frac{OM^2 + OP^2 - MP^2}{2OM \cdot OP} \\
&= \frac{(R - r)^2 + (R - x)^2 - (r + x)^2}{2(R - r)(R - x)} \\
&= \frac{R^2 - Rr - Rx - rx}{R^2 - Rr - Rx + rx} \\
&= 1 - \frac{2rx}{(R - r)(R - x)} \\
&= 1 - \frac{2rx}{\sqrt{2}\,r(R - x)}
\end{aligned}$$

$$= 1 - \frac{\sqrt{2}x}{R - x}$$

$$= 1 - \frac{\sqrt{2}x}{(1 + 5\sqrt{2})x - x}$$

$$= 1 - \frac{1}{5} = \frac{4}{5}.$$

由此可推得 $MN : ON : OM = 3 : 4 : 5$.

31. 证法 1　连接 OA、OC、CN，先证 $\angle AOC = 2\angle B$，再证 $\angle ANC = 2\angle B$，由此证明 A、N、O、C 共圆. 但 P、A、O、C 共圆，所以 A、N、O、C、P 五点共圆，故 $\angle PNA = \angle PCA = \angle B$.

证法 2　延长 CO 交外接圆于 K，证明 $BK /\!/ MN$，所以 $\angle MNB = \angle ABK = \angle ACK$，故 A、N、O、C 四点共圆，余同上.

32. (1) 证明 B、H、P、D 四点共圆，所以 $AH \cdot AB = AP \cdot AD$；同理 $AF \cdot AC = AP \cdot AD$.

(2) 证明 E、D、F、A 四点共圆，所以 $PE \cdot PF = PA \cdot PD$；同理 $PG \cdot PH = PA \cdot PD$.

33. 先证 $KM /\!/ AB$，所以 $\angle KMH = \angle B$. 再证 $\angle B = \angle ADH$.

34. 设 $\odot CAE$ 和 $\odot ABF$ 交于一点 P，证明 $\angle BPC = 360° - \angle APB - \angle APC = 360° - (180° - \angle F) - (180° - \angle E)$.

35. 证明 $\angle D$ 的度数 $= \frac{1}{2}(\overset{\frown}{AC} - \overset{\frown}{BP})$ 的度数 $= \frac{1}{2}(\overset{\frown}{BC} - \overset{\frown}{BP})$ 的度数. 余同理.

36. 证明 $\angle EAD = \angle EAC + \frac{1}{2}\angle BAC = \angle B + \frac{1}{2}\angle BAC = \angle ADC$.

37. 证明 $\triangle ADB \backsim \triangle ABE$，由此证明 $AD \cdot AE = AB^2$.

38. 证法 1　作 $BK /\!/ EF$ 交圆周于 K，连接 KM、KE. 先证 $MB = MK$，所以 $\angle KME = \angle MKB$（或 $180° - \angle MKB$），$\angle MBK$（或 $180° - \angle MBK$）$= \angle BMF$. 再证 $\angle MBK = 180° - \angle ADK$，所以 $\angle KME = 180° - \angle ADK$（或 $\angle ADK$），于是 M、K、D、E 四点共圆. 最后证 $\angle MKE = \angle MDE = \angle MBF$，由此可证 $\triangle KME \cong \triangle BMF$.

证法 2　作 $OP \perp AD$，$OQ \perp BC$，连接 MP、MQ、OE、OF（图 F37(b) 中未画出）. 先证 $\triangle MAD \backsim \triangle MCB$，由此可证 $\triangle MAP \backsim \triangle MCQ$，所以 $\angle MPA = \angle MQC$. 再证 M、O、P、E 四点共圆，M、O、Q、F 四点共圆，所以 $\angle MPA = \angle MOE$，$\angle MQC = \angle MOF$，最后证 $\triangle MOE \cong \triangle MOF$.

39.（1）设 $PK \perp BC$ 交 AD 于 G，先证 $\angle APG = \angle CPK = \angle CBP = \angle CAD$，所以 $AG = PG$. 再证 $\angle DPG = \angle BPK = \angle BCP = \angle BDA$，所以 $DG = PG$. 余同理. 这个证明是可逆的.

（2）将 E、F、G、H 顺次连接起来，先证 $EFGH$ 是矩形，再证 $\angle FNH = \angle FEH = 90°$，所以 N 在矩形 $EFGH$ 的外接圆上. 余同理.

40. 设 $AB \perp CD$ 并相交于 P，又设 $PF \perp AC$ 交 BD 于 E. 先证 $\angle CPF = \angle CAP = \angle CDB$，所以 $PE = DE$. 再证 $\angle APF = \angle ACP = 180° - \angle ACD = 180° - \angle ABD = \angle PBD$，所以 $BE = PE$. 余同理. 这个证明也是可逆的. 将 E、N、K、M 顺次连接起来，也是一个矩形，E、L 等垂足也在这个矩形的外接圆上.

41. 在图 F38 中，先证 $OFPH$ 的对边平行，再证 $PH = \dfrac{1}{2} AB$. 在图 F39 中，同理可证.

42. 先证 $\angle PEH = \angle PAH$，$\angle PEF = \angle PBF$，$\angle PGF = \angle PCF$，$\angle PGH = \angle PDH$，将这四式两边分别相加，可证 $\angle HEF + \angle HGF =$

$180°$，所以四边形 $EFGH$ 有外接圆．再证 $\angle PKE = \angle PAK + \angle APK$，而 $\angle PAK = \angle PHE$，$\angle APK = \angle CPG = \angle CDP = \angle GHP$，所以 $\angle PKE = \angle PHE + \angle GHP = \angle GHE$，由此可证 K 点在 $EFGH$ 的外接圆上．余同理．

43. 先证在 $\triangle PAD$ 中，AD 边上的高 PE 与 PD 所夹的角等于 PO_1 与 PA 所夹的角（参看第 25 题），所以 $\angle DPE = \angle APO_1$；同理 $\angle CPF = \angle BPO_2$．再证 $\angle PDA = \angle PCB$，由此证明上述四个角都相等，所以 $\angle EPD = \angle BPO_2$．余同理．

44. 因相似三角形中对应线段的比等于它们的相似比，故 $\dfrac{PH_1}{PH_2}$ $= \dfrac{PO_1}{PO_2} = \dfrac{H_1O_1}{O_2H_2}$，所以 $\triangle PH_1O_1 \backsim \triangle PH_2O_2$，$\angle PH_1O_1 = \angle PH_2O_2$．再由上题知 H_1PO_2 和 H_2PO_1 都是直线．

45. 设 $\odot O_1$ 过 A、D、E 三点，$\odot O_4$ 过 A、B、F 三点，它们相交于 M，先证 $\angle MBF = \angle MAF = \angle MED$，所以 M、E、B、C 四点共圆，同理，M、F、D、C 四点共圆．其次，由图可见，$O_1O_2 \perp ME$，$O_1O_4 \perp MA$，所以 $\angle O_2O_1O_4 + \angle AME = 180°$．又 $O_3O_2 \perp MC$，$O_3O_4 \perp MF$，故 $\angle O_2O_3O_4 = \angle CMF$．但 $\angle CMF = \angle ADE = \angle AME$，所以 $\angle O_2O_1O_4 + \angle O_2O_3O_4 = 180°$，故 O_1、O_2、O_3、O_4 四点共圆．最后，$O_3O_1 \perp MD$，所以 $\angle MO_3O_1 = \dfrac{1}{2}\angle MO_3D = \angle MFD = \angle MFA = \angle MBE = \dfrac{1}{2}\angle MO_2E = \angle MO_2N$，故 M、O_1、O_2、O_3 四点共圆．

46. 先证 P、N、A、M 四点共圆，所以 $\angle PNM = \angle PAM = \angle PBC$．再证 P、B、L、N 四点共圆，所以 $\angle PBC + \angle PNL = 180°$．

47. 同上．

48. 先证∠*PLA* = 90°,∠*PLB* = 90°,所以 *L*、*A*、*B* 三点共线;同理,*A*、*M*、*C* 共线,*B*、*N*、*C* 共线.再证 *LMN* 是 *P* 点关于△*ABC* 的西摩松线.

49. 设 *A*′、*B*′、*C*′、*D*′四点中任何三点不共线,如图 F46(a)所示,那么

$$\angle A''A'B' = \angle B'BA, \qquad ①$$
$$\angle A''A'D' = \angle D'DA, \qquad ②$$
$$\angle C''C'B' = \angle B'BC, \qquad ③$$
$$\angle C''C'D' = \angle D'DC, \qquad ④$$

四式相加即得.

设 *A*′、*B*′、*C*′、*D*′中有三点共线,例如 *B*′、*C*′、*D*′共线,如图 F46(b)所示,连接 *A*′*B*′、*A*′*D*′,上列四式仍旧有效.① − ② + ③ + ④,得∠*A*″*A*′*B*′ − ∠*A*″*A*′*D*′ + ∠*C*″*C*′*B*′ + ∠*C*″*C*′*D*′ = ∠*B*′*BA* − ∠*D*′*DA* + ∠*B*′*BC* + ∠*D*′*DC*,就是∠*A*″*A*′*B*′ − ∠*A*″*A*′*D*′ + 180° = 360° − ∠*ABC* − ∠*ADC* = 180°,所以∠*A*″*A*′*B*′ − ∠*A*″*A*′*D*′ = 0.

50. 在图 F47(a)中,证明∠*A*′*AB* + ∠*A*′*AD* + ∠*C*′*CB* + ∠*C*′*CD* = ∠*B*′*BA* + ∠*D*′*DA* + ∠*B*′*BC* + ∠*D*′*DC*.在图 F47(b)中,设 *A*、*B*、*C* 三点共线,连接 *AD*、*CD*.先证∠*A*′*AB* = ∠*B*′*BA* = 180° − ∠*B*′*BC* = 180° − ∠*C*′*CB*,所以 *A*′*A* // *C*′*C*,故∠*AA*′*D* = ∠*CD*′*D*.再证在两个等腰△*A*′*AB* 和△*D*′*CD* 中,顶角相等,底角也要相等,故∠*A*′*DA* = ∠*D*′*DC*.

51. 设 *ABCDE* 为圆 *O* 的内接正五边形,作 *OF*⊥*DE* 交圆于 *F*,连接 *DF*,则 *DF* 为内接正十边形的一条边.延长 *DF* 到 *G*,使 *DG* = *OC*,证明 *DG* // *OC*,则 *OCDG* 为平行四边形,*OG* 等于内接正五边形的一条边.由正十边形的作法可知 *F* 点分 *DG* 成中外比,所以 *DF*²

$= GF \cdot GD$. 再作 GT 切圆于 T, 连接 OT. 证明 $GT^2 = GF \cdot GD$. 在直角 $\triangle OGT$ 中, 可得 $OT^2 + GT^2 = OG^2$.

52. 过 B、E、F 三点作圆交 AC 于 K. 先证 $\angle AGF = \angle BEF = \angle CKB$, 所以 $\triangle AGF \backsim \triangle CKB$, 故 $\dfrac{AG}{AF} = \dfrac{CK}{BC} = \dfrac{CK}{AD}$, 即 $AG \cdot AD = AF \cdot CK$. 再证 $AE \cdot AB = AF \cdot AK$, 相加即得.

53. 设中线 AG 交 BC 于 D, 延长至 F, 使 $DF = GD$, 连接 CF. 先证 $\angle F = \angle AGE = \angle K$, $\triangle CGF \backsim \triangle AGK$, 所以 $\dfrac{AG}{GK} = \dfrac{CG}{GF}$. 再证 $AG = GF$.

54. 连接 ME, 以 B 为圆心、以 BE 为半径作弧, 交 ME 的延长线于 G, 连接 BG, MF. 先证 $\angle BMG = \angle BAC = \angle CAD = \angle CMF$. 再证 $\angle G = \angle BEG = \angle AEM = \angle CFM$. 由此证明 $\triangle BMG \cong \triangle CMF$.

55. 先证 $\overparen{FD} = \overparen{GE}$, 所以 $FG /\!/ BC$, 故 $\dfrac{BF}{CG} = \dfrac{BA}{CA}$. 再证 $BD \cdot BE = BF \cdot BA$, $CD \cdot CE = CG \cdot CA$.

56. (1) 证明 $CD^2 = AD \cdot BD$, $EF^2 = AD \cdot BD$.

(2) 证明 CD 和 EF 互相平分且相等.

(3) 连接 AE、CE、DE, 证明 $\angle AED = 90°$, $\angle CED = 90°$. 余同理.

(4) 设 $\odot O_1$ 切 CD 于 H, 切 $\odot AED$ 于 M, 切 $\odot ACB$ 于 N. 作 $\odot O_1$ 的直径 KH, 先证 M 是 $\odot O_1$ 和 $\odot AED$ 的逆位似心, 所以 AMH、DMK 都是直线; 再证 N 是 $\odot O$ 和 $\odot ACB$ 的顺位似心, 所以 AKN、BHN 也都是直线. 延长 AN、DC 相交于 S, 连接 BS, 证明 H 是 $\triangle SAB$ 的垂心, 所以 $SB \perp AH$. 又 $KD \perp AH$, 故 $KD /\!/ SB$. 最后, 由相似三角形中的比例线段定理可得 $\dfrac{KH}{AD} = \dfrac{SK}{SA} = \dfrac{BD}{AB}$. 余同理.

(5) 证明 A、D、H、N 四点共圆. 所以 B 点在 $\odot O_1$ 和 $\odot AED$ 的根轴上.

57. 先证 G 点是 $\triangle LMN$ 和 $\triangle ABC$ 的逆位似心, D' 和 D'' 是位似点;再证 D 点在 $\odot LMN$ 上, 所以 D 和 D'' 也是位似点.

58. 设 $\triangle ABC$ 的垂足三角形为 $\triangle DEF$, 切线三角形为 $\triangle PQR$, 外心为 O, 垂心为 H.

(1) 由习题 4 的第 14 题可知, $\triangle DEF$ 和 $\triangle PQR$ 是位似形;又 H 和 O 分别是这两个三角形的内心, 它们的连线必定通过这两个三角形的位似心 S, 也就是说, $\odot H$ 和 $\odot O$ 的位似心在 $\triangle ABC$ 的欧拉线 OH 上.

(2) 由 4.6 节中的例 10 可知, $\triangle ABC$ 的九点圆是 $\triangle DEF$ 的外接圆, 所以它们的位似心也是 S. 但 S 和 $\odot DEF$ 的圆心都在 $\triangle ABC$ 的欧拉线 OH 上, 因此 $\odot PQR$ 的圆心也要在 OH 上.

59. 先证 $MC \cdot MH = ME \cdot MF = MD \cdot MG$, 所以 $MC(MD + DH) = MD(MC + CG)$, 再证 $CG = DH$.

60. 连接 AB, 过 C 作 AB 的平行线交 MA 于 E, 交圆于 F, 先证 $\triangle MBC \backsim \triangle CAE$, 所以 $\dfrac{AC}{AE} = \dfrac{BM}{BC}$, 即 $AC \cdot BC = BM \cdot AE$. 再证 $\triangle MCE \backsim \triangle MAC$, 所以 $\dfrac{CM}{EM} = \dfrac{AM}{CM}$, 即 $CM^2 = AM \cdot EM$. 将两式相加, 再以 $BM = AM$ 代入即得.

61. (1) 在图 4.10 中, 先证 $\triangle ABI \backsim \triangle AJC$, 所以 $\dfrac{AB}{AI} = \dfrac{AJ}{AC}$, 即 $AB \cdot AC = AI \cdot AJ$. 再证 $\triangle AIZ \backsim \triangle AJZ_1$, 所以 $\dfrac{AI}{AJ} = \dfrac{AZ}{AZ_1} = \dfrac{p-a}{p}$.

由此可得 $\dfrac{AI^2}{AB \cdot AC} = \dfrac{AI^2}{AI \cdot AJ} = \dfrac{AI}{AJ} = \dfrac{p-a}{p}$.

（2）同理$\dfrac{BI^2}{AB \cdot BC} = \dfrac{p-b}{p}$，$\dfrac{CI^2}{AC \cdot BC} = \dfrac{p-c}{p}$，与（1）中所得式相加即得.

62. 设 $BC = a$，$CA = b$，$AB = c$，先证 $AM = \dfrac{1}{2}\sqrt{2b^2 + 2c^2 - a^2}$，$GM = \dfrac{1}{3}AM = \dfrac{1}{6}\sqrt{2b^2 + 2c^2 - a^2}$. 在 $\triangle GMT$ 中，由余弦定理有 $GT^2 = GM^2 + MT^2 - 2GM \cdot MT\cos\angle GMT = GM^2 + MT^2 - 2GM \cdot MT \cdot \dfrac{MT}{AM} = GM^2 + MT^2 - \dfrac{2}{3}MT^2$，由此可算出 $GT^2 = \dfrac{1}{18}(a^2 + b^2 + c^2)$，此式是 a、b、c 的轮换等势式，不因 a、b、c 的互换而变，所以 G 点到各切点的距离都相等.

63. 设 AB、BC、CD、DA 分别切圆于 E、F、G、H，连接 OE、OF、OG、OH，并以 $S_{\triangle OAH}$ 表示 $\triangle OAH$ 的面积……先证

$$S_{\triangle OAH} + S_{\triangle ODH} + S_{\triangle OBF} + S_{\triangle OCF} = \dfrac{1}{2}S_{ABCD},$$

即

$$S_{\triangle OAD} + S_{\triangle OBC} = \dfrac{1}{2}S_{ABCD}.$$

再证 $S_{\triangle MAD} = S_{\triangle MCD}$，$S_{\triangle MBC} = S_{\triangle MAB}$，所以 $S_{\triangle MAD} + S_{\triangle MBC} = \dfrac{1}{2}S_{ABCD}$，故

$$S_{\triangle OAD} + S_{\triangle OBC} = S_{\triangle MAD} + S_{\triangle MBC},$$

$$S_{\triangle OAD} - S_{\triangle MAD} = S_{\triangle MBC} - S_{\triangle OBC}.$$

这就是

$$S_{\triangle OMA} + S_{\triangle OMD} = S_{\triangle OMC} + S_{\triangle OMB},$$

因为 $S_{\triangle OMA} = S_{\triangle OMC}$，所以 $S_{\triangle OMD} = S_{\triangle OMB}$. 故 D、B 两点到直线 MO

的距离相等,由此可证 MO 通过 BD 的中点 N.

64. 设 $\odot O$ 的半径为 r,在 $\triangle OAC$ 中,由斯图尔特定理有 $\overline{OA^2} \cdot \overline{BC} + \overline{OB^2} \cdot \overline{CA} + \overline{OC^2} \cdot \overline{AB} + \overline{AB} \cdot \overline{BC} \cdot \overline{CA} = 0$,以 $\overline{OA^2} = \overline{AD^2} + r^2$,$\overline{OB^2} = \overline{BE^2} + r^2$,$\overline{OC^2} = \overline{CF^2} + r^2$ 代入,证明 $r^2 \cdot \overline{BC} + r^2 \cdot \overline{CA} + r^2 \cdot \overline{AB} = 0$.

65. 为计算方便起见,令 $\overline{AD} = a$,$\overline{BE} = b$,$\overline{CF} = c$,$\overline{MA} = p$,$\overline{AB} = x$,$\overline{BC} = y$,$\overline{CN} = q$,则原式化为

$$a^2 y + b^2 [-(x+y)] + c^2 x - xy[-(x+y)],$$

再将 a^2,b^2,c^2 分别换成 $p(x+y+q)$、$(p+x)(y+q)$、$(p+x+y)q$,展开即可获得.

66. 设 PA、PB 分别切 $\odot O_1$、$\odot O_2$ 于 A、B,则

$$\frac{PA^2}{PB^2} = \frac{O_1 A^2}{O_2 B^2} = \frac{PA^2 + O_1 A^2}{PB^2 + O_2 B^2} = \frac{PO_1^2}{PO_2^2},$$

故 $\dfrac{PO_1}{PO_2} = \dfrac{O_1 A}{O_2 B}$.

67. 设 B、C 两点关于定比 $\dfrac{AB}{AC}$ 的阿氏圆为 $\odot O_1$,C、A 两点关于定比 $\dfrac{BC}{AB}$ 的阿氏圆为 $\odot O_2$,并设 A 点在 $\odot O_2$ 的内部.因为 $\odot O_1$ 通过点 A,所以 $\odot O_1$ 与 $\odot O_2$ 必相交,设交点为 P、Q.因为 P 在 $\odot O_1$ 上,所以 $\dfrac{PB}{PC} = \dfrac{AB}{AC}$;又 P 在 $\odot O_2$ 上,所以 $\dfrac{PC}{PA} = \dfrac{BC}{AB}$.两式相乘,即可得到 $\dfrac{PB}{PA} = \dfrac{BC}{AC}$,所以 P 在 $\odot O_3$ 上.

68. $\odot A$、$\odot B$、$\odot C$ 三个圆中每两个圆有一个相似圆,这三个圆是同轴圆,可仿照上题证明.

69. 连接 AC、BD,相交于 P,证明 EP 是 F 的极线,FP 是 E 点

的极线,所以 E、F 是关于这圆的共轭点.

70. (1) 因为通过 P、Q 两点的圆和两已知圆都正交,由 7.4 节后的练习 2,可证 P 和 Q 关于两已知圆的任何一圆都是共轭点.

(2) 因为这个图形关于连心线为轴对称,所以在 ⊙O 中,连接 AC、BD,必相交于连心线上一点,设为 P';同理,设 $A'D'$、$B'C'$ 相交于连心线上一点 Q',因为 AC 是 E' 的极线,BD 是 F' 的极线,所以 EF 是 Q' 的极线;同理,$E'F'$ 是 P' 的极线.因此,P' 和 Q' 关于两已知圆的任何一圆都是共轭点,过 P' 和 Q' 任作一圆必定与两已知圆都正交.由此可证 P' 和 Q' 就是两已知圆的极限点.

(3) 由前证可知 Q 的极线 EF 通过 E,所以 E 的极线 AD 必通过 Q.余同理.

71. 证法 1 从 △ABF 来看,E、C、D 三点分别在 AB、BF、AF(包括延长线)上,所以由习题 6 的第 17 题可知,△ABF 的垂心 H_1 是以 AC、BD、EF 为直径的三个圆的根心.同理,△ADE 的垂心 H_2 也是这三个圆的根心.易见 H_1 和 H_2 不重合,所以直线 H_1H_2 是这三个圆中每两个圆的根轴.事实上,△BEF 和 △DEF 的垂心也在直线 H_1H_2 上.

证法 2 设这三条对角线 AC、BD、EF 两两相交于 P、Q、R,因为 P、Q 关于以 AC 为直径的圆是共轭点,所以过 P、Q 的圆与以 AC 为直径的圆正交.因此 ⊙PQR 与三个圆都正交,但这三个圆的圆心在一条直线上(完全四边形的牛顿线),由此可证过 ⊙PQR 的圆心而垂直于三圆连心线的直线必定是三圆中每两圆的根轴.

72. 设 A 点和 B 点的极线分别为 a 和 b,它们的反演点分别为 A' 和 B',A 到 b 的距离和 B 到 a 的距离分别为 AP 和 BQ,作 $AC \perp OB$,$BD \perp OA$.先证 $\dfrac{OA}{OB} = \dfrac{OB'}{OA'}$,再证 $\dfrac{OA}{OB} = \dfrac{OC}{OD}$,由等比定理可得 $\dfrac{OA}{OB}$

$$= \frac{OB' - OC}{OA' - OD} = \frac{OP}{OQ}.$$

73. 先证 P 点的极线 BC 通过 D 点,所以 D 点的极线必通过 P 点;又 A 点的极线 PQ 通过 D 点,所以 D 点的极线亦必通过 A 点,由此可证 PA 是 D 点的极线.同理,E 点和 F 点的极线分别是 QB 和 RC.

74. 设 EF 交 BC 于 P',先证 AH 是 P' 的极线,再证 P' 的极线通过 K,所以 K 的极线通过 P',因此 P' 和 P 重合.

75. 设 PD、PE、PF 的极点分别为 L、M、N,先证 L、M、N 三点共线.再设这三点关于 $\odot DEF$ 的圆心 O 的对称点分别为 L'、M'、N',证明 L 和 L' 关于 DD' 的垂直平分线为轴对称,所以它们的极线关于 DD' 的垂直平分线亦为轴对称,因此 $P'D'$ 是 L' 的极线.余同理,再由 L'、M'、N' 共线证明它们的极线共点.

76. 先证 $\odot ABC$ 与 AD、BE、FG 相切,且圆心为 O.连接 AH、BG、OD,作 $CK \perp AB$.由 $HB = HC$ 及 $\angle ECB = 90°$,可证 H 是 BE 的中点;同理,G 是 AD 的中点.由 $\triangle AEB \backsim \triangle DBA$,可证 $\triangle AHB \backsim \triangle DOA$,由此可证 $AH \perp OD$,所以 AH 是 D 的极线.同理,BG 是它的极线.又 CK 是 F 的极线.再由 H 是 BE 的中点,$CK /\!/ BE$,可证 CK 被 AH 平分;同理 CK 也被 BG 平分,所以 AH、BG、CK 三线共点,因此它们的极点共线.

77. 以 $\odot ABC$ 为反演基圆,证明 P、Q、R 的反演点分别是 BC、CA、AB 的中点 L、M、N,但 $\odot LMN$ 是 $\triangle ABC$ 的九点圆,所以三圆同轴.

78. 在 $\triangle AB'D'$ 中,由斯图尔特定理可得 $AB'^2 \cdot C'D' + AD'^2 \cdot B'C' = AC'^2 \cdot B'D' + B'C' \cdot C'D' \cdot B'D'$.设反演半径为 r,那

习题、总复习题的答案或提示　　　　　• 287 •

么 $AB' = \dfrac{r^2}{AB^2}$，$AC' = \dfrac{r^2}{AC}$，$AD' = \dfrac{r^2}{AD}$，$B'C' = \dfrac{r^2}{AB \cdot AC} \cdot BC$，$C'D'$

$= \dfrac{r^2}{AC \cdot AD} \cdot CD$，$B'D' = \dfrac{r^2}{AB \cdot AD} \cdot BD$．将这六个等式代入前一

个等式，化简即得．

79．（1）$\angle EHF = \angle BEF = \dfrac{1}{2}(180° - \angle ABC)$，$\angle HEG =$

$\angle DHG = \dfrac{1}{2}(180° - \angle ADC)$．但因 $\angle ABC + \angle ADC = 180°$，所以

$\angle EHF + \angle HEG = 90°$．

（2）A、B、C、D 的反演点分别是 A'、B'、C'、D'，这四点是四边形 $EFGH$ 各边的中点．

（3）因为 KA' 是直角 $\triangle EKH$ 斜边上的中线，所以 $KA' = A'E$，故 $IA'^2 + KA'^2 = IA'^2 + A'E^2 = r^2$，因此 A' 在所说的定和幂圆上．同理，B'、C'、D' 都在这个圆上，所以这个定和幂圆就是上述的八点圆．

（4）设直线 OI 交 $ABCD$ 的外接圆于 P、Q，交八点圆于 P'、Q'，则 $IP' = \dfrac{r^2}{IP} = \dfrac{r^2}{R+d}$，$IQ' = \dfrac{r^2}{IQ} = \dfrac{r^2}{R-d}$．但因 $IQ' = KP'$，而 P' 在定和幂圆上，所以 $IP'^2 + KP'^2 = r^2$，故 $\dfrac{r^4}{(R+d)^2} + \dfrac{r^4}{(R-d)^2} = r^2$，化简即得．

80．设 $\odot S$ 为反演基圆，$\odot A$ 与 $\odot A'$、$\odot B$ 与 $\odot B'$ 分别互为反形圆，$\odot O$ 与 $\odot A$、$\odot A'$、$\odot B$ 都相切，则 $\odot O$ 与 $\odot A$、$\odot A'$ 的两个切点互为反演点．$\odot O$ 经过这两点，故与 $\odot S$ 正交．因此 $\odot O$ 的反形圆就是它自身．$\odot O$ 既与 $\odot B$ 相切，亦必与 $\odot B$ 的反形圆相切．